图书在版编目（CIP）数据

孩子能看懂的人类简史/魏异君著. —武汉：长江少年儿童出版社，2023.10
（我们从哪里来·科学探索书系）
ISBN 978-7-5721-2385-6

Ⅰ.①孩… Ⅱ.①魏… Ⅲ.①人类科学－少儿读物 Ⅳ.①Q98-49

中国国家版本馆CIP数据核字(2023)第096961号

WOMEN CONG NALI LAI·KEXUE TANSUO SHUXI
我们从哪里来·科学探索书系
HAIZI NENG KAN DONG DE RENLEI JIANSHI
孩子能看懂的人类简史

出 品 人：何　龙
策　　划：何少华　傅　篦
责任编辑：罗　曼
责任校对：邓晓素
出版发行：长江少年儿童出版社
责任印制：邱　刚
业务电话：027-87679199
网　　址：http://www.hbcp.com
印　　刷：武汉新鸿业印务有限公司
经　　销：新华书店湖北发行所
版　　次：2023年10月第1版
印　　次：2023年10月第1次印刷
开　　本：720毫米×950毫米 1/16
印　　张：8
书　　号：ISBN 978-7-5721-2385-6
定　　价：36.00元

本书如有印装质量问题，可向承印厂调换。

人物介绍

云飞扬

男生,12岁,高鼻梁。他出生时,爸爸梦见从水中飘起一团雾气,升到天空形成一团彩云,然后随风飞扬。他爸爸醒来后,便给他取了这个名字。他爸爸是希望他能像那团彩云一样自由活泼。他也的确很活泼,而且思维飞扬,求知欲极强,还超级爱幻想。只是他行为莽撞,是个急性子。

夏语

女生,12岁,聪明漂亮,身材修长,有一双特别大的眼睛。她是云飞扬不打不相识的同桌,两人从一年级斗到了六年级,现在却成了好朋友。她也对未知的事情充满好奇,并且热爱学习。

怪博士

男性,近60岁,地中海发型,温文尔雅,是位物理学博士。他从事天文、地理和人类学等方面的研究,工作严谨,思维缜密。他对小朋友也特别友好;他非常幽默,爱说笑话,但行为怪诞,异于常人。

章树叶

男生,12岁,是云飞扬的死党。他妈妈特别喜欢樟树,便给他取了这个很特别的名字。他身材高大,却胆小怕事,不爱说话。后来在云飞扬的带动下,他开始变得自信起来。

目录 CONTENTS

故事前的故事 / 1

❶ 最初只是古生菌 / 5

❷ 开始吸氧与运动，向多细胞动物转化 / 11

❸ 长出鳃裂、头脑、脊椎和心脏，逐渐成为鱼类 / 16

❹ 长出肺器官，成为两栖动物 / 21

❺ 终于离开水域，成为陆地生物 / 26

❻ 为了生存由大变小，并从陆地转移到树上生活 / 30

❼ 再度变小，又从树上转移到洞中生活，成为夜行动物 / 36

❽ 成为灵长类动物，走出洞穴再度转移到树上生活 / 42

❾ 开始向古猿转化，逐渐接近人的模样 / 46

❿ 基本形成人的模样，开始直立行走 / 50

⑪ 学会使用工具，

　　开启人类智慧道路 / 57

⑫ 可以远程快速奔跑，

　　建立早期族群模式 / 62

⑬ 拥有了语言，进行大迁徙 / 71

⑭ 从黑皮肤人到白皮肤人和黄皮肤人 / 79

⑮ 建立农业社会，向现代人转化 / 84

⑯ 创造文字，书写人类文明 / 88

⑰ 建立城市，人类迈入全新阶段 / 93

⑱ 人类创造了哪些伟大成就 / 99

⑲ 人类有哪些奇妙之处 / 105

⑳ 人类未来将会怎样 / 109

　　故事后的故事 / 116

　　附录 / 118

从宇宙起源，
到地球诞生，
再到人类出现。

  本套书将世界各国科学家的发现与研究，以孩子们喜闻乐见的方式，进行系统地诠释，让孩子们在阅读中，对深奥的科学知识能读得懂、学得进、记得住，能全面地了解浩瀚而神秘的宇宙，破解星空与地球的密码，知晓我们是从哪儿来的。

  谨以此书向那些为人类做出过巨大贡献的科学家、学者和相关人士，致以最崇高的敬意！

  特别感谢我国著名古人类科学家、中国科学院院士舒德干先生为这本书的部分内容提供专业指导意见。

故事前的故事

云飞扬、夏语和章树叶三人，把上周从怪博士那儿学到的地球知识讲给同学们听，结果再次引起了轰动。

原来地球的诞生过程，是那么神奇美妙。早期的地球，竟然遭受了那么多陨星的撞击。地球还经历了那么多次的大演变，现在地球上有那么多的国家和人口，以及那么多的宝藏和神秘之地。

之前的宇宙知识，已经牢牢地拴住了同学们的心。现在又多了个地球知识，那还不更加让同学们着迷？大家本来就对这个世界充满着好奇，现在有人给他们讲这些知识，谁会错过这样的好机会呢？

所以每到课余时间，就有一堆同学围住他们，缠着要听那些知识。他们走到哪儿，哪儿便会出现人扎堆的场景。

好表现的云飞扬更来劲了，他每天都成了讲话的主角。

他越讲越有经验，竟然学会了把宇宙知识与地球知识结合到一起，融会贯通地讲。这种讲法妙趣横生，同学们听他讲这些知识，就像听有趣的故事一样。

大家陶醉在这片知识的海洋中，对宇宙和地球有了深刻的了解。

三个孩子通过讲述这些知识，都有很大的收获。他们的口才变

得越来越好，知识也更加丰富了。

而且，他们还变得非常爱学习，只要有空，就书不离手，学习成绩也一路飙升。

变化最大的是云飞扬，他比以前更阳光风趣了，人也显得特别精神，头发都像在飞扬。

知识真能改变一个人，不仅让人变得更加优秀，似乎还能让人光芒万丈。现在三个孩子走到哪儿，哪儿都像被他们照亮了一样。

时间过得真快，这个星期即将过去。对三个孩子来说，那个急切等待的日子就快要到来，他们马上又可以听怪博士讲人类知识了。

三个孩子聚在一起，商量这次该给怪博士带什么好吃的。

夏语提议，这次大家都换一换，最好是新鲜水果。

她的提议很快得到了云飞扬和章树叶的认可。三人开始琢磨起来，带什么水果好呢？

章树叶觉得，这个时候最好吃的水果是山竹。他决定带一些山竹给怪博士。

夏语觉得，这个时候最好吃的水果是樱桃。她决定带一些樱桃给怪博士。

云飞扬却觉得，这个时候最好吃的水果是枇杷。他决定带一些枇杷给怪博士。

大家做好决定，便各自去准备了。

周六这天早上，云飞扬的爸爸开车带着云飞扬，先去接了夏语

故事前的故事

和章树叶，然后再次把他们送到了怪博士的科研所。

和前两次一样，云飞扬的爸爸把三个孩子交给怪博士后，便回去了。

这次课，三个孩子依然在同一间房里，在同样的座位坐下。唯一有变化的，只是那块银幕上所显示的内容。今天显示的是如下几个大字：人类是从哪儿来的？

三个孩子放下背包，将带来的水果送到怪博士面前。怪博士也没多说什么，便将这些水果拿去洗净，然后分成四份，每个人的面前都放上一份。

大家坐定后，怪博士说道："今天我给你们讲的是人类知识，我要把人类是从哪儿来的，人类自诞生以后经历了哪些重要的进化过程，我们为什么长成这样，我们为什么能直立行走，我们的意识是怎样产生的，人类的未来将会怎样，以及与人类相关的很多知识，都讲给你们听。希望你们和前两次一样，认真地听讲，认真地做笔记，并踊跃提问题。"

三个孩子都点头说好。

1
最初
只是古生菌

怪博士敲击着电脑键盘，更新了银幕上的内容，正式开讲了。这次课程的主题是：我们人类，是从哪儿来的呢？

要回答这个问题，还需要追溯到大约40亿年前。那个时候，地球上还没有人类，只是开始迸发出了生命的火花。

正如上周在地球知识中所讲的那样，当时地球正处于"水球时代"，气候异常，每天都会遭受上万次剧烈的雷电轰击，而且狂风不止，大雨滂沱。一场长时间的瓢泼大雨，不仅彻底浇灭了地球表面的火焰，还将地表深深地淹没在大水当中，地球表面成了一片汪洋。

从此地球完成了第一阶段长达6亿年的成长演化过程——从"火球时代"进入"水球时代"。

地球上有了大量的水，便有了一切可能。

那时的水让"火球"般的地球表面冷却下来。水中还融入了许多原始物质，就像是一锅营养汤。

或许是某颗陨星在撞击地球时，带来了一种很神奇的物质，

那就是有机化合物。这种物质与地球上这锅营养汤中的某些元素巧妙地结合在一起后,可能是被当时天空中的雷电激活了,从而产生了一些令人难以置信的奇妙变化,竟然生成了一种含有几百个基因,并能进行 DNA 复制的原始细胞团块。于是,地球上一种极其简单的生命体,魔幻一般诞生了!

它们是一种比较特殊的古生菌。它们的出现意义非凡,从此,地球上便开启了从无到有、从简到繁、从少到多、从微小到巨大,时间跨度长达几十亿年的,浩浩荡荡的生物进化历程。

关于地球生命来自外星球的说法是有根据的。因为科学家已从天外飞来的陨石中,找到了含有有机化合物的相关证据。

有关地球生命的起源还有另外一种说法,即起源于海底热泉口(又称黑烟囱)。因为在那些地方,也发现了古生物起源的条件。

如果地球生命的诞生真与外星球所带来的物质有关,那真是天作之合呀!

但即便地球生命是出自地球本身,那也是一件无比神奇的事情!

令人庆幸的是,在当时极其恶劣的环境中,这种极其微弱的古生菌,竟然奇迹般地活了下来。它们可能经受了无数的磨难,或许很多时候都是命悬一线。

它们在诞生之初,可能繁殖速度非常慢。它们以分裂的方式繁殖,就是一个分裂成两个,两个分裂成四个。以这种方式所产生的后代,形态和基因都与自己一模一样。

1 最初只是古生菌

大约在35亿年前，它们发生了一次惊人的大演变，开始有了新陈代谢功能，而且繁殖能力也更强了。它们还获得了一项奇妙的能力，竟然可以通过吸收阳光，进行光合作用获取能量。在这一过程中，它们还创造了一种奇特的物质——氧气。于是，它们有了一个新名字——蓝细菌，旧称"蓝藻"。

从此，它们迈出了生物进化史上非常重要的一步，开始成为真正意义上的生命体。

它们的后代迅速多了起来，但它们还是单细胞生命，处于生命的最原始状态。

非常意外的是，它们在这次变化中，还出了一个大问题。那就是它们新生的后代的生命变得非常短暂。以前几乎是长生不老，现在从出生到死亡，却只有几个小时，甚至更短的时间。

它们无可奈何，只能依靠提高繁殖速度来保障生命的延续。它们的种群数量慢慢壮大，并随着海水向四方扩散。

又过了很长时间，它们开始在海洋浅滩处聚集，从而形成一堆堆的层叠菌落；它们通过阳光获取能量，并不断地制造氧气。

大约在21亿年前，已被大水淹没了大约十几亿年之久的地球突然觉醒。地核中有一股无比巨大的能量，以不可阻挡的态势，推动了地球一次大规模"板块运动"。

或许地球之前已经开始了无数次板块运动，只是规模都没有这次大。这次板块运动不仅引起了海洋震动、海啸频发，很多火

山也从水中冒了出来。火山爆发创造了许多火山岛屿，这些岛屿构建了地球上最初的大片陆地。

在这次大规模板块运动之前，地球还发生了一次大氧化事件。或许是这次地球板块运动加热了地球环境，促成那些刚刚在大氧化洗礼后活下来的生物，又有了一次重大演变。可能是有一只古生菌吞噬了一只好氧细菌，它们奇妙地形成共生关系，并演化出拥有细胞核和线粒体的真核生物。随后，它们进化成多细胞生命，并出现了自由地结合到一起的现象，开启了最早的"双亲"繁衍模式。

当然这种"双亲"繁衍模式，并不是现代意义上的父母双亲繁衍概念，因为它们并没有性别之分。

但尽管如此，这一变化却有着重要意义。因为以这种新的繁衍方式所产生的后代，它们的基因不再是来自一方，而是来自双方。

不过，这种新的繁衍方式也带来了不少问题，比如会让它们的后代丢失一些基因，也会打乱一些基因的排序，还会引发一些基因的变异。

然而正是有了这些不确定因素，才使它们在后来的进化进程中，创造出了众多的不同生命，让后来的地球变得如此丰富多彩、生机盎然。而且它们的后代也更能适应环境变化。

那个时候，地球上虽然已有了不少的陆地，但陆地表面几乎都是裸露的岩石，没有泥土。即便有的地方被风化出了一些泥土，

① 最初只是古生菌

也缺乏营养,还不能生长植物。那时的生物,都生活在海洋当中。

令人意想不到的是,众多的蓝细菌经过十几亿年的不断努力,居然在海洋中制造出了大量的氧气。

多余的氧气飘出水面,升到天空,与空中的某些元素混合后形成了一个厚厚的大气层,并在那个大气层中,巧妙地构建出了一道臭氧层。

大气层的形成,让地球生物有了更好的生存条件。臭氧层的产生,让地球生物不再遭受太空紫外线的侵扰。

当地球环境变好后,地球生物又在自然选择中悄悄酝酿着更大的进化。

古生物学家对化石进行研究后发现,古生菌可能是地球上最早的单细胞类生命体。它可能是地球上一切生物的始祖,其中包括所有的动物和植物,以及我们人类。

三个孩子听到这儿都非常吃惊,原来人类的始祖以及地球上一切生物的始祖,可能是同一种古生菌! 这真是闻所未闻,太难想象了!

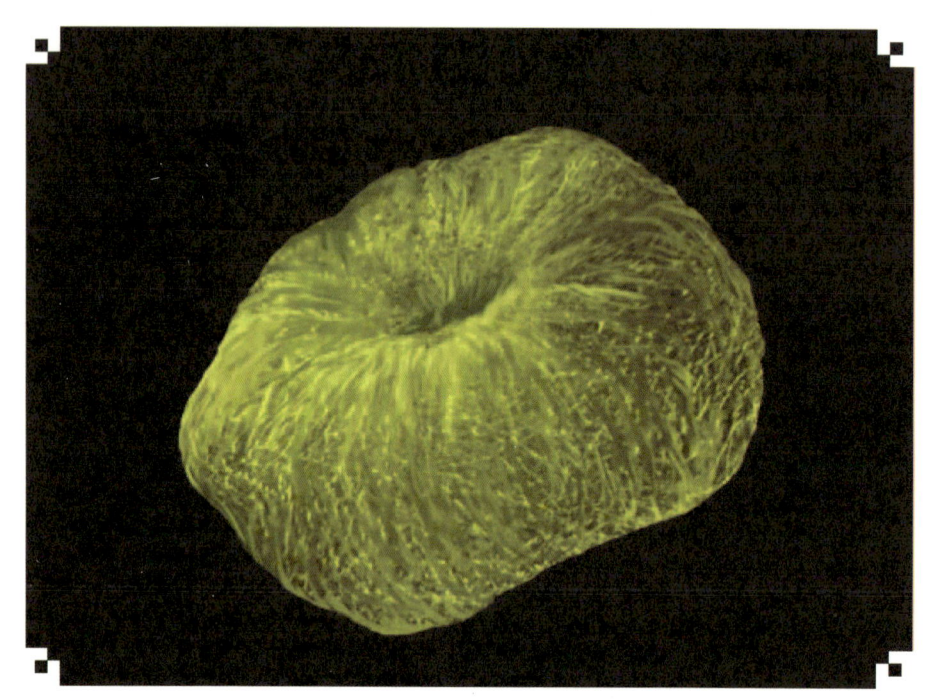

现存古生菌——嗜酸热硫化叶菌

人物冒泡

云飞扬在想：如果地球上的生命，真是受外星球带来的物质影响所产生的，那么我们都可以算外星人了！我们费心费力地去寻找外星人，没想到自己就是外星人！

他脑海里浮现出这样一番景象，他突然变成一个长相奇怪的外星人，无论走到哪儿，都把别人吓得又哭又叫，结果遭到很多人的追打。他四处躲藏，却总也找不到容身之所。他正被一伙人围住时，忽然发现所有的人，都变成了长相奇怪的外星人。大家你看看我，我看看你，同时大笑了起来，然后一一握手言和，彼此之间再也不会害怕了。

2

开始吸氧与运动，向多细胞动物转化

地球生物在悄悄地酝酿着什么样的大演进呢？

机会总是留给有准备的人，这句话在自然界同样适用。

当地球具有了那样的好环境后，地球生物抓住了时机。大约在 6.5 亿年前，数千个真核生物组合到一起，形成了一种新的生命体：多细胞海绵生物。从此，它们开启了多细胞动物时代，并成为真正意义上的动物。

有了这些变化，它们的运动能力得到很大增强，慢慢地能做一些轻微的动作。

如果它们还是单个细胞体，肯定做不到这一点。只有众多的细胞体联合起来，才能具有这样的力量。

它们经过几千万年这样的运动后，开始生长肌肉细胞。

肌肉细胞的生长，让它们的运动能力不断增强。渐渐地，它们可以做一些很微弱的游动动作。随后，它们便开启了生物界的游动历史。

地球上所有动物的肌肉细胞，可能就是从这个时期以这种方

式生长出来的。

又过了漫长的岁月,它们身上的肌肉细胞越长越饱满。它们游动的动作,也变得更加快捷和持久了。

后来它们还进化出了很多其他多细胞动物,如珊瑚虫、蓝田虫、休宁虫和早期水母。其中有原始腔肠动物、原始环节动物和原始节肢动物等。那时候的多细胞动物,体积都非常微小,如浮蝣生物一样漂荡在海洋中,很多都难以用肉眼看见。

而且那个时候,它们还没有长出眼睛、嘴巴和肛门。它们通过皮肤细胞渗透汲取营养,以维持生命。没有眼睛,就看不见东西,所以它们完全不知道这个世界是什么样子,也不知道自己长什么样子。好在大家都是一样的,没有比较就没有伤害,谁也不知道去计较这些。

非常神奇的是,在这样一个浑浑噩噩的漫长时代,它们却创造了一项奇迹:竟然不断地进化出新的物种。随后在距今大约5.4亿年前,便出现了"寒武纪生命大爆发"事件。海洋中迅速出现了众多不同的生物物种,呈现出一派繁荣昌盛的景象。

或许那些最早期的动物长期努力地通过皮肤汲取营养,从而导致它们皮肤某处发生了变异。随后,有一种被称为"西大动物"的动物奇迹般地进化出了"嘴巴",从此地球上的生物,有了第一张"口"。

有了嘴巴,动物的生活变得大不一样,它们可以"吃"东西了。

② 开始吸氧与运动，向多细胞动物转化

食物得到增加，它们的身体也能快速地生长。

但吃了东西，就得有排泄口，它们慢慢地又进化出了"肛门"。再后来，它们的身体越变越长，并长出了更加优美的尾巴。它们的某处皮肤又在变异，开始能感受到外界的亮光。

随后，动物界又一个非常神奇的器官进化出来了，那就是眼睛。有了眼睛，它们就能看清这个世界，也能看清自己的样貌。

没事的时候，它们总会扭转头来好好地看着自己。有时看着看着，竟然发起呆来，似乎是被自己那美丽的样貌迷住了一样。

或许动物爱美的这个嗜好，就是从那个时期开始的。如果按照这个时间计算，也有5亿多年的历史了。

那些有眼睛的动物，很快成为海洋中的主流。它们寻找食物更容易了：不再像以前那样全凭运气，遇到什么便吃什么，瞎猫碰死老鼠，碰到了算数，碰不到就得挨饿；如果错误地碰到天敌的嘴里，还可能搭上自己的一条命。

它们的行动也变得更加敏捷了，而且还能自由地调整方向。它们也由此能够活得更久，活得更精彩。它们的种群数量，得到了更快地发展。

它们还在这一时期，魔幻般地进化出了两种性别——雄性和雌性。也是从这个时候起，地球上的生命有了性别之分。

但是有了嘴巴和眼睛后，却导致了许多可怕的事情发生——不断地出现杀戮场面。因为那些强大的动物，总在捕食弱小的生物。

从此地球上不再安宁，动物界弱肉强食的时代就这样开始了。

那些体形较小的动物，时时刻刻都处于惊恐当中，经常被强敌追得四处逃命。

多细胞动物是如何进化成早期虫类的，是一直困扰古生物学家的前沿问题，目前还无法证明哪种早期多细胞动物是最先出现的。中国古生物学家、中国科学院院士舒德干多年潜心研究古虫动物，并创建了古虫动物门，还提出了"三幕式寒武纪大爆发"假说。中国科学院南京地质古生物研究所的万斌博士，也从安徽休宁的化石中，发现了大约 6.1 亿年前的蓝田虫。

三个孩子得知人类的祖先可能还经历了一段多细胞动物时代，惊得眼珠子都要掉下来了！

人物冒泡

云飞扬在想：人类为什么只进化出了两只眼睛？如果是三只眼睛该有多好呀！

他脑海里浮现出这样一番景象：他有三只眼睛。在他后脑勺上还长有一只眼睛。他可以全方位地看到周围的一切东西，如果有人从后面偷袭他，他也能看得一清二楚。

5亿年前的海洋

长出鳃裂、头脑、脊椎和心脏，逐渐成为鱼类

那些有了眼睛和嘴巴的动物又有哪些变化呢？

其实激烈的竞争也不完全是坏事，因为那样更能促进生物的进化。

它们开始长出鳃裂，逐渐向鱼类进化。

再后来，那些向鱼类进化的动物，在眼睛后面，又长出了许多神经细胞。慢慢地，这些细胞聚在一起，开始进化出一种自然界最为复杂，也最为神奇的器官——头脑。

于是，这些动物成了一种身体结构极其简单，却拥有一颗较为复杂的头脑的生物。

它们虽然有了头脑，但那时它们的头脑还比较小，只有针尖那么大，根本不能思考问题，只能起着一些指挥身体基本行动的作用。

又过了很长一段时间，那些动物因为基因突变和自然选择，又发生了巨变。它们身体内的一处棒状组织结构，竟然进化成了脊椎。

它们的肌肉细胞也聚在血管周围，并通过不断挤压，将体内的血液输送到各个部位。慢慢地，生物界另一种更具魔力的生命

③长出鳃裂、头脑、脊椎和心脏、逐渐成为鱼类

器官出现了,那就是心脏。

心脏诞生后,就像是一台永不停歇的机器,生命不止,心脏便劳作不息。

于是,这种可能是人类祖先的动物,大约在5.3亿年前,又有了一个新名字——昆明鱼。从此,它们开启了鱼类时代。

昆明鱼属于昆明鱼目,是指一种原始的鱼类。昆明鱼目不仅包含昆明鱼自身,还包括海口鱼和钟健鱼等。

1999年,中国科学家舒德干院士在云南昆明海口镇,发现了昆明鱼化石。

可能正是由于昆明鱼这一系列的大演化,后来的人类才能够思考问题,站立起来,以及快速奔跑。

生命进化具有一定的趋同性。就在这个时段,还有很多其他物种,都先后进化出了这些器官。

昆明鱼有了这些器官,就更有力量了,能够游得更快、长得更大、活得更久。

它们似乎有了一种信心,海洋那么大,它们也想去看看。它们开始冒险,不断地远游。在一代代的接力下,它们最终成功远涉重洋,游遍天下。

后来在地球上的很多地方,都能看见它们后代的身影。

或许正是因为它们能游得更远,找到更多的食物,所以才渡过了一次大灾难,那就是发生在距今4.4亿多年前的"第一次生

物大灭绝事件"——奥陶纪末生物大灭绝。

在这次事件中,大约有85%的海洋生物物种,永远地从地球上消失了。虽然昆明鱼的一些后代活了下来,但在后来的进化竞赛中,却没有超越一种叫"奇虾"的生物。

那种生物不知是吃了什么灵丹妙药,竟然噌噌地疯长,结果长到了一米多长。

那时的动物个头都比较小,只有几毫米到几厘米。成年奇虾体长最大可达2米以上,简直是巨无霸。

而且奇虾的进化非常完美,嘴里竟然长出了许多像剃刀一样锋利的鳞片器官。那些器官可是当时最具杀伤力的武器,谁要是与奇虾争锋,结果只有一个,那就是被奇虾当点心吃掉。奇虾是当时的海洋霸主,它们总是耀武扬威、横行霸道、恃强凌弱、肆意妄为。

这时昆明鱼的后代根本不是奇虾的对手。如果碰见了奇虾,也只有一种选择,那就是赶紧逃命。在这种恶劣的环境中,昆明鱼的后代要生存下去,非常不容易。到处是强大的敌人,毫无安全可言。

或许是迫于生存危机,在自然选择中,昆明鱼的后代只得改变自己。大约在距今4.2亿年前,它们再次发生了魔幻般的改变,竟然进化成一种非常威武的大怪鱼,可以称它们为"初始全颌鱼"。

初始全颌鱼的身体有一米多长,还长出了如甲胄一样的鳞片,

③长出鳃裂、头脑、脊椎和心脏、逐渐成为鱼类

并有了强有力的颌骨和锋利如铡刀的骨片板齿。

它们的力量比以前大了许多,也成了一种威风凛凛的大鱼。

它们开始从食物链的中低端走向中高端。

动物脸部的上下颌骨,可能就是在那个时期进化出来的。如果真是这样,动物脸部的上下颌骨已经有4亿多年的生长史了。

但是有了这些变化,似乎还很不够,因为在那时的海洋中,出现了一种超级大鱼,名叫邓氏鱼(曾被称为恐鱼)。邓氏鱼最大体长可达十米,是当时海洋中的顶级掠食者。邓氏鱼非常凶猛,随时都会出现在初始全颌鱼的面前,初始全颌鱼的处境依然十分危险。

为了活命,初始全颌鱼不得不去寻找一些安全地带。

它们开始离开深海,来到一些浅滩边上的沼泽地带。虽然这些地方的食物不够充足,却没有邓氏鱼的威胁。而且那些地方阳光充足,海水也要暖和许多。它们在这样的地方生活了很多年后,又进化成了拥有对鳍的肉鳍鱼。

它们本以为找到了很好的栖息地,能够从此过上幸福安定的生活,却没有想到差点丧命在这些地方。

古生物学家研究化石材料后发现:昆明鱼可能是地球上最早的脊椎动物,是一切脊椎动物的祖先。

三个孩子听到这儿,都紧张起来,那些地方会有什么危险呢?他们都想知道答案,于是迫切地等待着怪博士讲下去。

昆明鱼

云飞扬在想：原来人类的祖先还经历了鱼类时代，怪不得人类都喜欢玩水呢！

他脑海里浮现出这样一番景象，他在大海里游泳，还游得非常快。他那高高的鼻尖，在海面上划出了一道白花花的分水线。

他游着游着，突然看见前方有一条凶猛的邓氏鱼。他吓得魂飞魄散，赶紧掉头往回游。他好不容易逃上了岸，远远地看着那条邓氏鱼，心里惊得怦怦乱跳！

4

长出肺器官，成为两栖动物

这些肉鳍鱼到底遭遇了什么呢？

可能是受某一段时间环境变化的影响，那些地方严重缺氧。刚开始时，它们还能忍耐。但时间长了，就出了大问题。它们仿佛要在窒息中死去一样，身上的肌肉细胞纷纷"瘫痪"，行动也变得异常困难。

但是此时它们如果再回到深海中去，更容易被那些邓氏鱼吃掉。因为它们已变得非常虚弱，根本没有能力逃避邓氏鱼的追击。

为了活命，它们只能在这些地方煎熬着，等待着好运到来。它们为此付出了惨痛代价，很多同类纷纷死去，种群数量不断减少。

世界上真无绝人之路，每一次危机中都可能蕴藏着生机。

肉鳍鱼这时的情况就是这样，它们身处这种度日如年的绝境中，却由此因祸得福。在自然选择中，它们的基因又出现了突变。经过一段漫长的岁月后，它们竟然进化出了鱼类从未有过的奇妙器官，那就是肺！肺和鳔（biào）都可能是由肉鳍鱼的原始肺组织进化出来的。有了这种新器官，它们吸取到的氧气量就多了，

于是逃过这次大劫难。

人类的肺,可能就是在这样一种恶劣环境中生长出来的。这也是生物进化史上的又一次重大突破,让水生物种走向陆地成为可能。

如果没有邓氏鱼的威胁,或许初始全颌鱼永远都生活在深海当中。倘若真是那样,可能就没有后来的鱼类登陆和今天的人类了。

自从有了肺器官,它们的行为就变得很怪异了,总喜欢把头伸出水面,去呼吸外面的空气。

这是鱼类从未有过的举动,这也预示着它们将要与其他鱼类分道扬镳。

事实正是这样。在之后的几千万年间,它们不断地发生新的变化。它们的模样有了很大改变,与以前完全不同了。它们的鳃部器官渐渐消失,长出了颈部。它们腹部的四只肉鳍,也演化成了四肢。

它们拥有四肢后,有一部分离开海洋,游到河流和湖泊中去,并逐渐地适应了淡水环境。

又过了很长的时间,它们的四肢变得越来越发达,并长出了肱骨、腕骨、掌骨和指(趾)骨。

这种可能是人类祖先的动物,大约在3.75亿年前,又有了一个新名字——提塔利克鱼。

这个时候,地球上的气候已变得温和湿润。土壤经历了10多

4 长出肺器官，成为两栖动物

亿年的风化与滋养，也非常肥沃了。陆地上长满了丰茂的蕨类植物，并出现了很多昆虫。

在陆地上众多昆虫长时间的诱惑下，提塔利克鱼终于鼓足勇气，开始登陆上岸。

这是一次非常伟大的行动，从而开创了动物界一片崭新的天地。正因为这次伟大的行动，才有了后来陆地动物精彩绝伦的进化史。从此，它们开启了水陆两栖时代。

提塔利克鱼登陆上岸后，发现陆地简直就是天堂，美食享用不尽。而且陆地上天宽地阔，可以任由它们开心地玩耍，还没有天敌。

它们那时还没有长出成形的四足，基本上是用四只鳍当脚爬行。但在陆地上，它们过得非常惬意。慢慢地，它们都乐不思蜀，不再愿意回到水中去了。

大约3.77亿年前发生了"第二次生物大灭绝事件"——泥盆纪晚期物种大灭绝。在那次大灾难中，大约有82%的海洋物种，永远地离开了地球。或许正是因为提塔利克鱼之前就移居到内陆水域，后又总待在陆地上，所以逃过了这次大灾难。

引起这次大灾难的一个主要原因，就是海洋中出现了严重的食物短缺，从而导致大量的海洋生物死亡。

而在陆地上，因为食物并没有遭到这么严重的破坏，很多能登上陆地的生物都活了下来。

如果提塔利克鱼不是有了这些自我改变，能够登陆上岸，可能也会在那次大灾难中灭绝。

可见，自我改变是多么重要的事情，在关键时刻，真能够拯救自己的性命！

每个人都有很多的不足，都需要不断地去改变自己。

当然，如果不是向好的方向改变，那也可能会送掉性命。

不过提塔利克鱼的自我改变，以及所有生物进化中的每一次改变，都得依靠基因突变进行。

古生物学家利用化石来研究提塔利克鱼的身体构造，发现它们可能是最早接近四足动物的动物，并可能是最早从水域登陆上岸，以鳍当脚爬行的两栖动物，它们应是一切两栖动物的祖先。

三个孩子听到这儿，同样感到非常惊奇！原来人类的祖先还可能经历了这样一段时期。他们看着银幕上显示的提塔利克鱼的图片，脑子里全是对这种鱼的想象。

④长出肺器官，成为两栖动物

提塔利克鱼

人物冒泡

章树叶在想：自己也有不少的缺点，比如拖延症、躁动症、恐惧症等。

他脑海里浮现出这样一番景象，他把自己的这些缺点都改正了，变得细心做事，不骄不躁，并敢于克服所有的困难。慢慢地，他成了一个非常有素质的人，走到哪儿都很受欢迎，大家都愿意与他交朋友。

5

终于离开水域，成为陆地生物

提塔利克鱼又有哪些进化呢？

虽然那时的提塔利克鱼是两栖动物，但它们已被陆地上那美味的昆虫所吸引，白天几乎都待在陆地上。

在丰富的食物的滋养下，它们的体形慢慢变大，身体结构也不断地变化，四足逐渐成形，皮肤也越变越厚。

大约经历了1500万年的进化后，它们基本能够适应陆地生活了。

这种可能是人类祖先的动物，大约在3.6亿年前，有了一个新名字——鱼石螈。

或许是在某个春意盎然的日子，陆地上到处都是昆虫。鱼石螈抵挡不住美食的诱惑，它们当中的绝大部分都呼啦啦地跑上了岸。后来，它们彻彻底底地离开了海洋、湖泊和河流，去完完全全做陆地上的动物了。只有繁殖后代时，它们才回到水中产卵。

它们做出这样的抉择，其实很不容易，毕竟它们的祖辈在水中生活了几亿年。为了改变命运，它们下定决心，要去陆地上开

⑤ 终于离开水域，成为陆地生物

创未来。

现在我们见到水，都有一种很亲切的感觉，这可能与我们的祖先曾长期生活在水中有关系。

鱼石螈登陆上岸后，许多其他物种也跟着上岸了。渐渐地，陆地上的动物多了起来。

好在陆地上有足够的食物，大家都能够吃饱。

在良好的条件下，各类动物都得到了快速发展。没过多少年，陆地上便出现了多姿多彩的动物世界。

奇怪的是，在这一期间登陆的动物中，还有一些在若干年后，又重新返回到海洋中生活，其中就包括鱼龙、鲸鱼和海豚的祖先。

鱼石螈的这次登陆，在动物进化史上具有里程碑式的意义，使动物进化迈向了一个全新的阶段。

但是，鱼石螈却为此付出了惨痛代价。因为这个时候，它们的皮肤还有些水嫩，难以经受太阳暴晒。它们的脚掌也不够厚实，难以经受长时间的地表摩擦。

而且陆地上一年四季的气候，要比在水中的感受更加明显，冬季更冷，夏季更热。它们备受煎熬，经受着严峻的考验。

虽然遇到了这样的大困难，但它们的意志仍然没有动摇。它们勇往直前，并一点点地去改变自己。

又过了很多年，在自然选择中，它们的身体再次发生了很大的改变。它们的皮肤越来越粗糙，脚掌也越来越厚实。从此，它

们不再惧怕太阳暴晒,以及地表的长期摩擦。

它们的四足也变得更加强壮有力,还长出了足爪和坚硬的指甲,抓握力也变得更强了。

有了这些改变,它们才算是真正适应了陆地上的生活。

生物学家对发掘出的化石进行研究后发现,鱼石螈可能是最早彻底离开水域的真正意义上的陆地四足爬行动物,它们应是一切陆地四足动物的祖先。

而爬行动物又分为三种,一类是真爬行类动物,它们可能是恐龙和鸟类的祖先;另一类是似哺乳类爬行动物,它们可能是所有哺乳动物和人类的祖先;还有一类是由真爬行动物进化而来的副爬行动物,它们可能是龟和鳖类的祖先。

三个孩子听到这儿,终于知道人类的祖先可能是在那个时间,以那样的方式彻底离开水域,登陆上岸的。他们也由此明白了一个道理,做一件正确的事就不要惧怕艰难困苦,只要坚持到底,就能获得最后的胜利。

鱼石螈

人物冒泡

　　夏语在想：对于学生来说，什么才是最正确的事呢？她觉得好好学习就是最正确的事情。她决定以后要更加努力地学习，要学到更多的知识。她的理想是长大以后当一名有作为的老师，为国家培养出一大批优秀的人才。

为了生存由大变小，并从陆地转移到树上生活

怪博士看了看面前的水果，拿起一颗樱桃吃了起来。

樱桃好像有种魔力，让他的眼睛不断变大。当他的眼睛睁得像铜铃一样后，他深深地吸了一口气，然后一切又恢复了正常。

看到怪博士吃樱桃的夸张的样子，三个孩子差点笑出声来。他们也各自拿了一颗樱桃放到嘴里，樱桃那酸酸甜甜的味道，瞬间滋润了他们的心田。

怪博士吃完樱桃，精神似乎更饱满了，兴致盎然地继续讲后面的课程。

鱼石螈又有哪些进化呢？鱼石螈登上陆地后，经过很长一段时间的演变，进化成了始祖单弓兽。它们可以自由地在陆地和蕨类丛林间生活，日子过得相当滋润。它们的种群数量越来越多，到处都是它们欢快的身影。

但是，陆地动物多起来后，原来丰富的食物也就变少了。而且陆地上的昆虫营养丰富多样，很容易使一些动物的体形变大。那些体形变庞大的动物，每天都要消耗更多的食物。于是陆地上

⑥ 为了生存由大变小，并从陆地转移到树上生活

的食物抢夺战，也变得激烈起来。

又过了很多年，其中一些大型动物的牙齿变得越来越锋利，比如异齿龙和丽齿兽等。尤其是丽齿兽，它们开始吃一些其他动物。在这个时期，它们的发展最快，种群数量十分庞大，成了当时陆地上的霸主。

从此，陆地上弱肉强食的时代也开始了。而且在陆地上，这一竞争法则甚至比海洋中演绎得还要惨烈，血腥的杀戮随处可见，到处弥漫着浓烈的血腥气。在那个无比残酷的竞争环境中，始祖单弓兽想要生存下去，只有一条路可走，那就是继续改变自己。

在自然选择中，它们的头部又在发生新的变化，竟然长出了更为强健的下颌，咬肌也变得更加发达。有了这些改变，它们也威猛起来。从此，它们变成了一种新的生物。

尽管它们已经很强悍，但与同时代的丽齿兽相比，还是小巫见大巫，有着很大的差距。它们依然没有安全可言，经常被那些强敌追得四处逃命。它们只能在夹缝中生存，艰难度日。

雪上加霜的是，它们后来还赶上地球的新一轮板块运动。之前那些分离出去的大陆板块在海洋上漂移了几亿年后，重新合拢，形成了一个新的超级大陆，即盘古大陆。

这次板块运动异常剧烈，由此引发了一系列大灾难。先是出现了大面积的火山持续爆发，有毒气体弥漫天空，海水不断酸化，海洋生物大量消亡。

后来,火山爆发产生的大量尘埃遮天蔽日,久久不能散去。地球上经历了一次长达几十万年的漫漫黑夜。没有阳光,植物无法生长,昆虫大量灭绝,绝大多数的动物在饥饿中失去生命。

这是地球生物有史以来遭受的最大一次灾难,即大约发生在2.5亿年前的"第三次生物大灭绝事件"——二叠纪末生物大灭绝。这次事件造成了超过90%的海洋生物物种和大约75%的陆地生物物种灭绝。

在这次漫长的大灾难后期,那些由始祖单弓兽演变出来的新物种,又发生了新变化。它们的牙齿变得有些怪异,相貌也有些凶猛了。这种可能是人类祖先的动物,大约在2.4亿年前,有了一个新名字——三尖叉齿兽。

但是后来,三尖叉齿兽的生存状况也极其糟糕。它们既要躲避强敌,又要躲避天灾。在漫长的岁月中,为了生存,它们只能不断地改变自己。

在自然选择中,它们的身体越变越小。慢慢地,只有小狗那么大了。由于体形变小,它们的食量也随之减少,并进化出了盲肠,竟然成了杂食类动物,也可以吃一些植物了。

植物寻找起来更容易一些。而且由于食量变小,它们觅食的时间也随之减少,有更多的时间去躲避强敌与天灾。

随着食量的不断减少,它们的模样继续改变,竟然长出了胡须和毛发。如果它们走到河边照一下自己,可能会被自己那古怪

⑥ 为了生存由大变小，并从陆地转移到树上生活

的样子吓得掉进河里。

它们逐渐失去了威力，为了安全，只能从地面转移到树上生活。待在树上生活，很容易掉下来，所以它们睡觉时，都会紧紧地抱着树干。人类总喜欢抱着东西睡觉，可能就是这个时候养成的习惯。

而且人类经常梦到自己从高空中掉下来，这可能与身体缺钙有关系，也可能与那个时候总从树上掉下来的记忆有关系。

但无论生活有多么困难，都要好好地活下去。只要活着，一切都会有希望。

古生物学家发现的化石证据表明，三尖叉齿兽可能是最早向卵生哺乳动物演变的关键过渡物种，并进化出横膈膜，它们的呼吸功能大大增强，它们应是一切胎生哺乳动物过渡时期的直系祖先。

在第三次生物大灭绝中活下来的，还有恐龙的祖先。随后，恐龙的祖先就要登场了。

三个孩子听到这儿，都惊讶不已，原来人类的祖先还可能经历了那样一段由大变小，由地面转移到树上的生活过程。他们听到恐龙的祖先也要登场，都非常激动。因为他们都特别喜欢恐龙，很想知道恐龙的起源。

三尖叉齿兽

 人物冒泡

云飞扬在想:恐龙是怎么诞生的呢?

他脑海里浮现出这样一番景象,他装了一篮子鸭蛋,然后对着鸭蛋吹了一口气,再用一块红布盖上。一个月后,他掀开红布,篮子里面的鸭蛋,竟然全部孵化出了小恐龙。

他和夏语、章树叶一起,天天开心地赶着那些小恐龙,去野外寻找食物。

7

再度变小,又从树上转移到洞中生活,成为夜行动物

恐龙的祖先可能是一种叫"始盗龙"的恐龙。它们诞生后,很快就适应了灾后的新环境,种群数量日益壮大。

不可思议的是,它们还进化出了很多不同的种类,有的牙齿锋利如刀,有的体形特别巨大,有的长出羽毛,能在天空滑翔。从此,地球变成了恐龙的世界,到处都是它们的身影,它们成了新的地球霸主。

在恐龙成为霸主的时代,生物界的弱肉强食法则演绎得淋漓尽致。那些凶残的食肉恐龙,成天红着眼睛到处寻找猎物。凡是被它们遇见的猎物,都在劫难逃。

三尖叉齿兽这样体形较小的生物,在那个极其恐怖的时代想要活下去,只有一个办法,那就是在自然选择中,不断地去改变自己。

它们的身体越变越小,结果竟然进化得如鼩(qú)鼱(jīng)一样小。

这种可能是人类祖先的生物,大约在1.6亿年前,又有了一个新名字——中华侏罗兽。

⑦再度变小,又从树上转移到洞中生活,成为夜行动物

由于生存空间不断地被挤压,导致中华侏罗兽的种群数量越来越少。它们即便待在树上,也毫无安全可言。任何一种比它们大的动物,都能将它们当点心吃掉。

为了活命,它们不得不从树上跑下来,躲到洞穴中生活。

虽然待在洞穴里面要安全许多,但那里面又黑又暗,又闷又潮,它们过得很不舒服。

况且洞穴中也有危险,它们常常会遇到蛇类等杀手。如果在洞穴里遭到攻击,由于空间太小,它们往往无法逃脱。

它们总是担惊受怕,长期处于高度紧张的状态。它们的肌肉越绷越紧,结果导致体毛的根部永久竖立了起来。

这种意想不到的改变,似乎让它们获得了一些安全感,不再那么恐惧了。体毛竖立后,还能起到更好的保暖作用。

现在我们感到寒冷和恐惧时,都会起一身鸡皮疙瘩,还会汗毛倒竖,这些都可能是人类的祖先在那段漫长的恐怖岁月中,经历了太多的苦难和危险,肌体内留存了太多的惊悚记忆导致的。

为了适应当时的环境,它们只能继续改变自己。在自然选择中,它们的额骨开始往后拓展,最终形成了一种非常独特的骨形。它们的鼻子也变得敏感,能够嗅出很多种类的气味。

而且它们还进化出了生物界一种最为神奇的器官,那就是"新脑皮质器官"。

这种新器官成长到一定阶段后,便能产生记忆力、想象力和

诸多的能力。就是这个器官的出现，才让它们一步步地朝着智慧的道路迈进。

当然，那时它们可没有这样的意识，还处于原始状态。它们的想法非常简单，就是如何在这样的恶劣环境中生存下去。

它们的个头那么小，白天只能躲在洞穴中，只有晚上才敢出来觅食。

幸好它们的食量已经变得非常小，只要夜晚出来觅食就够了。

从此它们成了夜行动物，每天晚上与月亮和星星为伴。

或许它们也会苦中作乐，觉得那样的日子还挺浪漫的，可以时不时地看到流星划过，甚至会遇见漫天飞射的流星雨。

即便没有流星雨划过，但走在那样宁静的月光之下，听着山风吹过森林，昆虫在漫山遍野鸣叫，也是一件很惬意的事情。

由于长期在夜间觅食，它们的夜视能力变强，即便在漆黑的夜晚，也能看清很多东西。

现在人类还有一定的夜视能力，可能就是在那个时候锻炼出来的。

所以生活经历是多么宝贵，尽管有些经历在当时来说，未必那么美好，甚至会让人失去很多东西，但同时也会让人获得很多东西。可能最终获得的东西，要比失去的东西多很多。

有很多的好事，后来变成了坏事。也有很多的坏事，后来变成好事。当时的中华侏罗兽，就是在这样的境遇中，发生了一次

 ⑦再度变小，又从树上转移到洞中生活，成为夜行动物

重大的基因突变。在自然选择中，它们无比神奇地进化成了胎生哺乳动物。从此，它们开启了胎生哺乳动物时代。

胎生孕育方式有很多的好处，比如小宝宝是在母亲体内生长，能在孕期得到保护。不会像卵生那样，母亲将蛋生出来后，就丢在某处听天由命，蛋很容易被天敌吃掉。

而且胎生婴儿是由母亲哺乳喂养的，因此母亲总待在婴儿的身边。婴儿时时刻刻得到照顾，所以活下来的概率就更高了。

它们的祖先，还是卵生哺乳动物时就进化出了乳腺。有了丰富的奶水，它们的后代得到较快的发展。

在之后的几千万年间，它们以这种孕育方式，先后进化出了大大小小4000多个新物种，其中一个就是我们人类。

人类或许也要感谢恐龙，正是它们的威逼，才让我们来到了这个世界。

而且，也正是由于三尖叉齿兽和中华侏罗兽的身体不断变小，最终中华侏罗兽躲进了洞穴，才让它们在那段危机重重的漫长岁月里，先后躲过了两次大灾难。一次是发生在大约2亿年前的"第四次生物大灭绝事件"。还有一次是发生在大约6600万年前的"第五次生物大灭绝事件"。这两次大灾难，都有75%左右的生物物种，永远地离开了地球。

恐龙就是在第五次生物大灭绝中全部消亡的，从此结束了它们对地球长达1.6亿年的统治。

好在有一种恐龙的后代活了下来。它们后来进化出了今天所有的鸟类。

但生活在洞穴里的中华侏罗兽靠吃植物根须也活了下来。

其实在那段时间里，由于地球环境遭到了毁灭性破坏，中华侏罗兽的后代也一度面临严重的饥荒问题。正当它们饿得晕头转向、眼冒金星、全身无力时，却突然出现了大批的昆虫。它们便以昆虫为食。可以说，是那些昆虫在那个关键时刻救了它们的命。

经历长时间的进化后，中华侏罗兽变得与以前大不一样，它们的生命力似乎更强大了，也很快适应了新环境。

古生物学家对化石进行研究后发现，中华侏罗兽可能是最早的胎生哺乳动物，它们应是一切哺乳动物的祖先。

三个孩子听到这里，都对那些救了人类祖先的昆虫，充满了感激之情。

中华侏罗兽

人物冒泡

云飞扬脑海里浮现出这样一番景象：他带着很多食品去外面喂给昆虫吃。结果他走到哪儿，便有很多的昆虫跟到哪儿。后来，围着他的昆虫越来越多，几乎把他包围了起来。从此以后，他成了与昆虫最亲密的人。他上课的时候，有很多的昆虫围着他飞。他走路的时候，也有很多昆虫围着他飞。就连他睡觉的时候，还是有很多的昆虫围着他飞。

只要看到哪儿有很多的昆虫，就知道他在哪儿。

8
成为灵长类动物，走出洞穴再度转移到树上生活

在这场大灾难后，中华侏罗兽又有哪些演变呢？

这时，天空重新变蓝，大气中的有毒气体渐渐散尽，气候又开始暖和宜人，陆地上的植物也重新生长出来。而且水也变得更加干净，臭氧层也得到了很好的恢复，一切慢慢回到了原来最好的样子。

大自然的胸怀，总是那么宽广博大，从来不去计较得失。无论经历了多大的灾难，只要给它一些时间，它就会自我修复到最好的状态。

这一点非常值得人类去学习。有些人小肚鸡肠，总爱计较个人得失。其实根本没那个必要，因为一切的得失，都可能发生变化。塞翁失马，焉知非福。过去的东西就让它过去，我们要以最好的精神面貌，去迎接未来。

地球环境有了好转，中华侏罗兽的日子也跟着好了起来。有了丰富的食物，它们的种群快速发展。这也得益于它们的胎生方式，它们一年生好几胎，一胎生好几个宝宝。很快，它们就占据了

⑧ 成为灵长类动物，走出洞穴再度转移到树上生活

数量上的优势。

在这段美好的时光中，所有的胎生哺乳动物都得到了空前发展，所以这个时期也被称为"胎生哺乳动物时代"。

不过即便凶猛的恐龙早已消亡，但它们还只是地球上最普通的一员，并没有成为新的地球霸主。没有了天敌，它们纷纷离开洞穴，重新回到树上生活了。

这时的树木早已进化出了花和果子，又形成了大片的原始森林。它们生活在这样的森林当中，过得非常自在和快乐。

这样的幸福生活，大约持续了1000万年。在丰富的食物滋养下，它们的皮毛变得又光又亮。它们的身体构造，也在发生新的变化，以前那暴凸在外的眼球，不仅下沉到眼窝当中，还具有了良好的立体聚焦视觉能力。四肢也开始变得修长，后脚跟骨也变得又短又宽，逐渐有了一些猴类特征。

不过这些变化还不算什么，接下来的一个变化，将彻底改变它们的命运。又过了一段时间，它们还进化出大脑中的新脑皮，开始有了一定的思维能力！它们由此变得与众不同，开始有了智慧，可以思考一些简单的问题，并一点点地与其他动物拉开距离。

这是生物进化史上又一次具有划时代意义的大迈进。慢慢地，它们的相貌也在发生重大改变，开始向猴类转变。这种可能是人类祖先的动物，大约在5500万年前，又有了一个新名字——阿喀琉斯基猴。从此，它们开启了灵长类、猴类时代。

古生物学家对化石进行研究后发现，阿喀琉斯基猴可能是最早出现的灵长类生物，它们应是一切灵长类生物的祖先。

听到这儿，云飞扬突然想到一个问题，见怪博士停顿下来，于是问道："唐爷爷，恐龙灭绝后，陆地上的真正霸主是什么动物呢？"

怪博士答道："在恐龙灭绝的同时，陆地上所有的大型动物都灭绝了。当时幸存下来的动物，都是一些体形较小的动物。所以在那段时期，陆地上并没有真正的霸主。但随着时间的推移，有些动物的体形开始不断地变大，后来又出现了一些凶猛的大型动物，比如恐怖鸟。这种动物差不多算是当时的陆地霸主。这个时段还有一种叫巴基鲸的陆地动物重返海洋，成为鲸鱼的祖先。"

阿喀琉斯基猴

人物冒泡

云飞扬想：原来鲸鱼的祖先，可能是从陆地重返海洋的巴基鲸呀！如果人类的祖先也重返海洋，会进化成什么生物呢？他觉得应该是美人鱼！

他脑海里浮现出这样一番景象：海洋里出现了很多美人鱼。美人鱼成群结队地游动。它们还有自己的语言，能发出很多动听的声音。它们还会与人类对视，就像是以这种方式与人类交流一样。

开始向古猿转化，逐渐接近人的模样

阿喀琉斯基猴又有哪些进化呢？

自从进化成猴类后，它们的体形不断变化，在之后的几百万年间，它们的体形变大了好几倍，已从小型动物演变成中等体形的动物了。

随着体形的增长，它们的身体也在发生变化。它们的尾巴慢慢变短，直到看不见。今天人类还有一点尾骨，可能是最后的剩余部分。它们的前肢逐渐变长，这样就更方便采摘树上的果实。

但是，美好的日子并不是永久不变的，世界上唯一不变的事情就是变化。地球安定了很长一段时期后，又开始动荡起来。

大约在5500万年前，盘古大陆分裂，进入第三阶段。那时的北美洲和格陵兰岛从欧洲板块中撕裂断开，然后向海上漂移，形成一个独立的板块和一个大岛屿。

同时印度洋板块与欧亚板块，以一种不可阻挡的力量进行猛烈碰撞，从而在中国的土地上，挤压出无比壮阔的青藏高原，和一条全长大约2450千米的喜马拉雅山脉。世界上最高的山峰，几乎

⑨开始向古猿转化，
逐渐接近人的模样

都集中在这条山脉上。

这次地球板块运动，大约持续了1000万年。

在这段时间，地震频繁、火山持续爆发，气候变得捉摸不定，有时会出现连年的干旱，有时又会长年暴雨。这种极不稳定的气候变化，严重影响了植物的生长。尤其是在连年干旱时期，森林大片退化，有时变得零零落落，成了东一小块西一小块。

森林的大量减少，直接导致阿喀琉斯基猴的食物减少。它们现在的体形已经很大了，没有足够的食物，日子就非常煎熬。它们的种群数量也在不断减少。

又过了很多年，地球终于迎来了一段平静期，万物得到复苏，森林又连成了一片。

阿喀琉斯基猴再次迎来了一段好时光，它们抓住机会，迅速地发展种群数量。在自然选择中，它们的身体又在变化，竟然神奇地进化成了最早的古猿类。这种可能是人类祖先的动物，大约在4500万年前又有了一个新名字——中华曙猿。但中华曙猿是类人猿亚目，它们还有长长的尾巴，不能算真正的猿类。

那时的中华曙猿发展很快，种群数量越来越多，慢慢遍布了亚非大陆。那时的非洲还没有与亚洲断开。那儿有着广袤的热带雨林，食物特别丰富，很多动物都聚集在那里。

中华曙猿的后代也千里迢迢地来到那儿，与那儿的其他生物共同生活在一起。

又过了很长的时间，它们的身体再次发生变化，胸廓变得宽而扁，前肢变得和后肢一样长，腰骶骨变得又厚又大，骶骨数量也在增多，髋骨也变得更宽了。它们的内脏位置也发生了改变，从而为直立行走创造了条件。这种可能是人类祖先的动物，在2300万年~1000万年前，又有了一个新名字——森林古猿。它们的体貌特征开始接近人类模样。它们的身体构造，也与人类非常相近。

从此，它们开启了真正的猿类时代。

但是，它们还是四足行走动物，还不能算古人类。再往后，它们又进化出了若干支后代，其中的一支，才是最早的古人类。

古生物学家对化石进行研究后发现，中华曙猿可能是最早出现的类人猿，而森林古猿可能是最早接近人类模样和身体构造的古猿类，它们都应是人类的祖先。

三个孩子听到这儿，都非常惊讶，原来人类还真可能是从古猿类进化而来的！

⑨开始向古猿转化,逐渐接近人的模样

森林古猿

人物冒泡

夏语想:如果站在那条正处于板块运动中的喜马拉雅山脉上,会有什么感受呢?

她脑海里浮现出这样一番景象:她被那儿的板块运动震得像皮球一样不停地跳动,跳着跳着竟然呼的一下,跳到珠穆朗玛峰上了。她觉得自己攀登珠穆朗玛峰真容易,根本没花什么力气。

只是结果有点惨,她还没在珠穆朗玛峰上站稳,就又被震得滚了下来,还摔得鼻青脸肿,啃了一嘴的泥。

基本形成人的模样，开始直立行走

森林古猿又有哪些进化呢？

在经历了一段漫长的岁月后，森林古猿的四肢变得更加修长，还长出了健硕的肌肉，体形增大了许多，种群数量也变多了。

它们的基因又发生了变异，在后来的进化中，衍生出了许多的其他古猿，如后来的南方古猿等。它们的身体构造和体貌特征，更加接近人类的模样。

可这段美好时光戛然而止。因为地球上再次发生了局部的板块运动。

那时非洲被一股无比巨大的地核能量一点点地撕裂，最终形成了一条地球上最长的裂谷，即"东非大裂谷"，全长大约6500千米（在非洲大陆长约4000千米）。

在这条大裂谷的边上，还隆起了一条绵长而高大的山脉。这条山脉成了一道不可逾越的屏障，硬生生地将从东面印度洋上吹来的雨水，阻隔在非洲之外。

从此，非洲大地上的生态环境被彻底改变了。

⑩ 基本形成人的模样，开始直立行走

以前，由于有印度洋上吹来的雨水，纵然这片广袤的大地经常发生干旱，但也会不断得到修复。

现在没有了雨水，这儿的环境持续恶化，气候越来越干燥，森林退化，很多地方都成了荒漠。

发生了这么大的变化，森林古猿的生活再度陷入危机。它们已经很难获得食物了，只能饥一顿饱一顿地艰难度日。

更为可怕的是，那时的非洲出现了一种体形非常庞大的狮子，它们的体重大约有 1500 千克。这种大狮子异常凶猛，要比现在的狮子厉害很多。

在那个食物短缺的时代，这些大狮子同样饿得晕头转向，成天拖着瘪瘪的大肚子，四处寻找食物。像森林古猿这样中等大的动物，正是它们最喜欢的猎物。如果遇见了森林古猿，它们就会流着口水猛扑上去。

森林古猿当然不是大狮子的对手，它们总是被大狮子追得四处逃命。好在它们能够爬树，而大狮子却做不到这一点。

由于森林连年减少，很多森林古猿在最紧要关头，都因找不到避险的地方被大狮子吃掉了。

森林古猿的种群数量不断减少。而且它们也不能一直待在一棵树上，吃完一棵树上的果子后，为了填饱肚子，它们就不得不从那棵树上爬下来，再去远方的林子寻找食物。

由于森林不断减少，它们从一片林子跑到另一片林子，中间

需要经过很长一段空地。而走在这段空地上,往往是它们最危险的时候。一旦遭遇大狮子,它们在劫难逃。很多同伴就消失在这样的地带上。

在这种恐怖的环境中,它们想要活下去,很需要智慧。

于是它们开动脑筋,不断地去想这个问题。终于有一天,它们想出了一个好办法。以后它们每次去远方寻找食物之前,都会先站立起来,仔细地观察周围的情况。这个方法很管用,让它们避免了很多的危险。

慢慢地,这种行为竟然成了它们的习惯,还无形中锻炼出了一种新能力:它们可以站立很长的时间。

后来,它们去较近的地方寻找食物时,干脆站立起来走着去。

它们还发现,这种行走方式有很多好处,既容易找到食物,又方便躲避危险。

尽管这种站立行走的方式,刚开始让它们有些难受,但为了活命,它们不得不坚持下去。

渐渐地,它们适应了这种行走方式,可以越走越久,越走越远。

再后来,它们甚至还可以这样奔跑一段路程。

由于直立行走,它们腾出了一双"前足",可以更加方便快捷地采摘果实。人类的"双手",可能就是这样被解放出来的。

有了双手,就更加不同了。它们从此能够获得更多的食物,还能捕获其他猎物。

⑩ 基本形成人的模样，开始直立行走

于是，它们的食物丰富起来，它们的体形又在增大，身高大约有 1 米，体重大约有 50 千克。

它们的外形也在改变，前额开始凸起，脑容量增加，还出现了现代人的轮廓。从此，它们不再是四足行走动物，进化成了可以直立行走的古人类！

这种可能是人类祖先的动物，大约在 700 万年前有了一个新名字——乍得人。

也是从那个时段开始，人类的祖先在经历了几十亿年的进化进程后，第一次有了"人"这个称谓。这个称谓的出现，也表明人类的祖先正式以人类的面貌登场，开启了古人类时代。

乍得人是迄今发现的最古老的人类始祖之一。他们还可能是人类和黑猩猩的共同祖先，大约在 500 万年前，人类才和黑猩猩分离。

但是，由于考古发现的乍得人的骨骼较少，尤其是没有找到他们的颅后骨，所以还不能完整地对他们进行科学推断。后来考古学家又在非洲大地上发现了另一些古人类骨骼，他们就是生活在大约 440 万年前的"拉密达猿人"，又称"始祖地猿"。拉密达猿人的体貌特征，更加接近现代人的模样。

人类自从站立起来行走后，也产生了一系列的大麻烦。这种行走方式会导致人类的臀部变窄，骨盆变短，所以女性在分娩时，要想将发育完好的婴儿分娩出来，就变得异常艰难了。

然而人类的进化,也和大自然一样具有协调性,每当一处发生了改变,另外一些地方也会随之发生相应的改变。于是在自然选择中,女性孕育婴儿的时间开始变短,会将没有完全发育好的婴儿,提前生出来。

尽管女性通过这样的方式,解决了这个大难题,但女性在分娩时,仍然会极其疼痛。

以这种孕育方式分娩出来的婴儿都非常稚嫩,根本没有独立生存能力,需要母亲数年的喂养与照料才能活下去。

所以我们都要对母亲好一些,要感谢她为养育我们所付出的巨大艰辛。

直到今天,婴儿想要站立起来行走,也都需要经历很长一段时间的学习才能做到。人类的行走方式,并不是天生就会的。

古人类学家判断,拉密达猿人更加接近现代人的特征,基本可以确定它们是现代人的祖先。

原来人类学会直立行走,经历了这样的磨难。三个孩子听到这儿,感慨万千。

拉密达猿人

 人物冒泡

章树叶想：如果遇到那样的大狮子，是一件多么可怕的事情！

他脑海里浮现出这样一番景象：他回到了那个远古时代，而且遇到了一只大狮子。他吓得赶紧爬到一棵大树上，抱着大树瑟瑟发抖。由于他抖得太厉害，竟然把那棵大树上的叶子都震落了。

可是那只大狮子守在树下就是不走，他与大狮子就这样僵持了三天三夜，整个人都饿瘦了不少。

好在那只大狮子也饿得晕头转向，坚持不下去，只好无奈地先离开了。他长长地舒了一口气，算是捡回了一条命！

学会使用工具，
开启人类智慧道路

拉密达猿人又有哪些进化呢？

在拉密达猿人时代，非洲的气候变得更加糟糕。雨水越来越少，荒漠越来越多，拉密达猿人想要填饱肚子，变得十分困难。

那些饥肠辘辘的大狮子也变得更加凶残。它们见到猎物，单是那充满血丝的凶狠眼神，都可能把对方吓死。

那个时期的拉密达猿人，总是拖着一副疲惫的身躯，四处寻找食物。由于食物的缺乏和天敌的攻击，他们的种群数量不断地减少。

在这样的恶劣环境下，为了生存，只能继续去改变自己。在自然选择中，他们的咬肌渐渐变弱。

又经历了无数代的进化，他们的脑容量越来越大。

人类的大脑与其他动物的大脑相比，有着很大的不同。一旦得到很好的开发，就能创造出无比多的奇迹。

拉密达猿人有了这些新变化，开始产生了一些自我意识，思考能力也有了提升。

又经过漫长岁月的进化，它们的这些能力不断提高，并开始运用自己的智慧去一点点改变命运。

大约在250万年前，人类的祖先又有了一个新名字——能人，即手巧的人。从此，它们开启了真正的古人类时代。

或许出现过那样一个场景：有个能人在寻找猎物时，偶然被一块破裂的石头割破了手。他望着这块石头思考起来：为什么这块石头与别的石头不同，能够割破自己的手呢？

他带着这个疑问，再次用手去触摸那块石头，发现它的破裂面，非常锋利。

他又拿起那块石头掂了掂，发现它不轻不重，操作起来得心应手。于是他想，既然这块石头可以割破自己的皮肤，那也应该可以割破别的动物的皮肤。想到这儿，他准备做个试验。

他带着这块石头继续去寻找猎物。他非常幸运，没走多远，就遇见了几只羊。他知道自己一个人去追击那几只羊，肯定是徒劳无功的。于是他选择了伏击，悄悄地隐藏在一处草丛中，耐心地等着那几只羊靠近。

他等呀等，终于有一只羊向他走来。就在那只羊靠近他的那一刻，他奋力跃起，将那只羊扑倒在地。他用手中的石头猛砸那只羊，很快将那只羊杀死了。

他又用手中的石头去割羊的皮肤。很快，羊皮也被割开了，可以吃羊肉了。

11 学会使用工具，开启人类智慧道路

他的试验成功了。有了这块石头的帮助，他捕获猎物、割开猎物皮肤就容易多了。

今天的我们，可能会认为这样的场面非常残忍。但在动物世界中，这就是生存法则。我们人类的祖先，就是在这样的自然法则中生存下来的。

从此，这位能人一直把这块石头带在身边。

但是，这块石头用了几回后，锋利面被磨圆，不再好用了。他又思考起来，为什么这块石头不好用了呢？

于是他继续做试验。他找来一块差不多大的石头，将它砸成两块。他发现，有块破裂的新石块非常锋利。

后来，他不断用这样的方法制造一些锋利的石块带在身边。

他的这个行为很快就被同伴们发现了，大家纷纷效仿。慢慢地，大家都学会制造和使用工具了。

工具的创造与使用，可能就是以这样的方式展开的。这件事情的出现，意义非常重大。它使人类的发展，再次向前迈出了重要一步，是古人类迈向现代人类的一个关键转折点。人类开始运用工具，去一点点地改变这个世界。

当然，那时的能人并没有意识到这一点。他们制作和使用工具，只是单纯地为了帮助自己捕获更多的猎物。

后来他们在使用那些工具时，不断得到启发，创造出了许多的其他工具，如石锥、石锤、石斧、石刀、石铲等。

再后来,他们还灵光闪现,学会了利用动物的骨头和木材制作更多的工具。

而且用这些新的材质制作出的工具,不仅越来越好用,还越来越精美。

从此,人类迈入石器时代。

石器时代分为两个部分,即旧石器时代和新石器时代。

人类制作的工具越来越先进,捕获的猎物越来越多。有了足够的食物,他们的身体得到很好的滋养,个头不断增高,体格也变得健壮。

古人类学家对化石进行研究后发现,能人可能是最早制造和使用工具的人种,他们是现代人类的祖先。

听到这里,三个孩子恍然大悟。我们现在能轻松自如地使用工具,研制各种更先进的工具,都得益于我们的能人祖先在约250万年前的不断摸索呀!

能人

人物冒泡

云飞扬也想有个伟大的发明创造。他想研制一套装备。只要戴上这套装备的帽子，就能知晓无穷无尽的知识；只要戴上这套装备的眼镜，就能过目不忘；只要穿上这套装备的衣服，就能像火箭一样在空中飞行；只要穿上这套装备的鞋子，就能像汽车一样穿行在各种道路上。

可以远程快速奔跑，建立早期族群模式

怪博士看了看面前的水果，又拿起一颗枇杷吃了起来。枇杷比樱桃还要酸，酸得他眼睛眯成一条细缝，脸上的肌肉也缩成一团。但瞬息之间，怪博士又眉目舒展，还满面笑容地说道："好吃！好吃！真好吃呀！"

看到怪博士吃枇杷的表情，三个孩子忍不住笑了。他们的馋虫也被怪博士带出来了，于是都拿了一颗枇杷吃了起来。

枇杷的口感非常好。大家吃了枇杷，眼睛都亮了许多。

吃完了枇杷，怪博士继续讲解能人的进化。

有了工具的帮助，能人的生活开始发生更大的改变。

以前，他们都是单独行动，像孤独的拾荒者，总是一个人去寻找食物和捕获猎物。但这样的行为，效率并不高。

有了工具后，他们发现大家联合起来，能捕获更多的猎物，有更多的肉吃。

于是他们开始自发地联合起来，组成了许多由几个到十几个

12 可以远程快速奔跑，建立早期族群模式

人不等的小团队。

大家联合起来后还有一个好处，那就是可以抵抗强大的天敌，有能力将它们赶跑。

从此以后，他们渐渐形成了集体观念，大家一起狩猎，一起分享食物，一起居住。

也就是从这个时候起，人类在自然界的生存地位，出现了反转，逐渐从延续了几百万年的一直处于担惊受怕状态的弱势群体，开始变得强大自信起来。他们现在敢去挑战剑齿虎和大狮子等强敌了，甚至敢去捕获猛犸象这样庞大的动物。

这时经常出现这样的场景，很多凶猛的动物竟然被人类追得四处逃命。

再后来，那些凶猛的动物，只要是见到成群的人类，就非常害怕。尤其害怕成群的人类使用工具的声音。那些声音，几乎成了它们的梦魇。只要听到那样的声音，它们就吓得毛骨悚然，赶紧逃命。

直至今天，仍然有非常之多的野生动物，包括那些凶猛的动物，只要是见到了成群的人类，或者听到人类使用工具的声音，都会吓得心惊胆战。由此可见，人类自从使用了工具以后，对动物界的震慑力达到了什么程度。

虽然人类越来越强大了，但若是单打独斗，仍然不是那些猛兽的对手。再加上人类的祖先在之前的岁月中，有着太多的可怕

经历，人类的心里，也留下了太多的阴影。因此，我们今天即便隔着安全玻璃，看到那些猛兽时，也会有强烈的恐惧感。

结果形成了一种十分奇怪的现象，凶猛的动物见到了人类，总是吓得要命；人类见到那些猛兽，也同样吓得要命。这真是搞不清到底是谁害怕谁了！

当然，一旦那些凶猛的动物发现只有少数人，而且还没有带工具，它们也会凶相毕露去攻击人类的。所以，人类还是要远离那些凶猛的动物，千万要避免这样的危险发生。

能人自从联合起来以后，还可以相互帮助和保护。于是慢慢地在他们当中，形成了一种新的群体关系，那就是以血脉亲人为基础，建立一个个小团体，形成了人类早期的族群模式。

不过，这种族群模式，不光有直系亲属，还有其他旁系亲属，同现在的家族模式有相似之处。这样的族群模式建立后，能起到更多的作用，比如可以共同照顾老人、抚养孩子等。

由于长期使用工具，能人的大拇指得到了很好的锻炼，变得更灵活、更有力量。

大拇指的这些变化，反过来也让人类在使用工具时，变得更加得心应手了。

这是一个相互促进的过程。现在我们的手在抓握东西时，为什么这样有力量？可能就是从那个时期逐渐地锻炼出来的。

能人在追击牛、羊等动物时，还锻炼出一身壮硕的肌肉，可以

12 可以远程快速奔跑，建立早期族群模式

快速奔跑。这样的运动促进了他们身体的改变，竟然由此进化出了一身的汗腺，可以通过流汗散热。这是其他动物没有的功能。随后，他们的颈部也在增长，这样在奔跑时，就不会晕头转向。慢慢地，长跑成了他们的强项。

虽然短跑没有其他动物快，但他们能穷追不舍，连续跑十几千米，甚至更远，很多猎物最终都逃脱不了他们的追捕。

有了这样的变化，大约在180万年前，人类的祖先又有了一个新名字——直立人。

或许又出现了这样一个场景：在某个夜晚，天空中突然电闪雷鸣。闪电击中了一棵大树，引发了大火。熊熊大火四处蔓延，引燃了很大一片草原。

生活在附近岩洞中的直立人都感到非常害怕。他们不知道出了什么事情，以前虽然也经常看到闪电，却从未见过这么大的火。

他们躲在岩洞中不敢出来，心里的恐惧达到了极点。就在这时，他们突然闻到了一种从未有过的气味。这种气味似乎有一种魔力，能够抓挠他们的心，让他们的口水不断地往外流。

很快，他们的脑海里都产生了一种强烈的想法，要去寻找这种气味。可他们望着外面那熊熊火焰，谁也不敢离开岩洞。

但是，这种气味却越来越浓烈，越来越有诱惑力。他们的口水就像是喷泉，不停地往外涌。他们费力地吞咽口水，可口水越来越多，怎么也吞不干净。

他们被这种奇怪的现象吓得缩成一团,都不敢作声。

然而,这种气味就像幽灵一般,不断地挑动他们的神经,让他们无法抗拒。

他们终于忍耐不住,开始躁动起来。有很多人产生了一种可怕的念头,要冒死去一探究竟。

于是,他们的头领壮着胆子,选了几位年轻健壮的人,各自拿着防卫工具,十分谨慎地朝着那个散发气味的地方走去。

他们踏在被火烧过的焦土上,感觉到非常温暖。

他们继续前行,来到一处燃烧过的草丛中,发现那儿有一只被大火烧熟的羊。那种有魔力的气味,就是从这只羊身上散发出来的。

到了近处,这只羊身上的气味变得更加诱人了。那浓浓的香味,让他们再也无法抵抗。

他们感到非常奇怪,羊身上怎么会有这种气味呢?以前他们捕过不少羊,可从来没闻到过这种气味呀!他们百思不得其解。

不过,他们是了解羊的,知道羊肉可以吃。那位头领走到这只被烧熟的羊跟前,撕下了一大块肉。

他还发现,这只被烧熟的羊,肉质变得非常松软,根本不需要力气就能撕开一大块。他拿着这块熟肉先闻了闻,那香喷喷的气味,让他再也无法克制了。他张开大口猛咬了一口,顿时感到一股从未有过的美妙感觉迅速地流遍全身。

⑫ 可以远程快速奔跑，建立早期族群模式

他禁不住嗷嗷地叫了两声，然后忙召唤同伴过来享用。

他的同伴早就忍耐不住了，他们胸前流淌的口水，都可以当镜子了。

现在见头领召唤他们，他们便一拥而上，每个人撕下一大块熟肉吃了起来。大家吃到如此喷香的熟肉，都禁不住嗷嗷地欢叫。

在火光的照耀下，他们的脸庞像是初升的太阳，闪烁着熠熠的光芒。

那位头领一边吃肉，一边在想，这些大火能给人类带来温暖，而且烧熟的肉这么好吃。于是他产生了一个念头，要把这些火种带回去。

大家饱餐一顿后，头领便开始分工，一些人将剩下的熟肉抬回岩洞，分给那些没有来的人享用。

另一些人同他去寻找干草和干树枝，准备把火种引回去。他们找来了很多的干草和干树枝，然后走到一处尚在燃烧的火跟前，点燃后就往岩洞里跑。

由于那个火堆距离岩洞还有一段路程，点燃的火种在中途就熄灭了。他们很纳闷，为什么这些火种会熄灭呢？

他们在一次次失败中发现了原因，原来干草很容易被烧掉，而干树枝上的火却又容易被风吹灭。

他们又开动脑筋，终于想出了一个更好的办法。他们将干树枝烧透后再带回到岩洞，然后再用干草将火复燃。

67

火种可能就是这样被他们成功地带到了岩洞。

真是功夫不负有心人,有志者事竟成。

火种到了岩洞后,大家不断地添加干柴。火种就这样在岩洞里面保存下来。

火的使用让人类的发展再次迈向了一个新阶段。从此,人类开启了用火时代。

直立人的生活也由此发生了重大改变。白天大家一起出去捕猎,回来后就一家人围着火堆烧烤食物,享受美食。到了晚上,又一家人聚在一起,烤火取暖,还相互挠痒痒。

这种其乐融融的生活,让他们之间不断地增进情感,从而形成了更加亲密、牢固的族群关系。

直立人分布很广,在中国出现的元谋猿人、蓝田猿人和北京猿人等都是直立人。

古人类学家认为,直立人是最早具有现代人行为特征的人种。他们应是现代人的祖先。

三个孩子听到这儿,终于知道了,原来可能是工具的使用促成了人类最早的族群模式。而火的使用,又可能让人类的族群关系变得更加亲密、牢固了。

夏语也想到了一个问题,见怪博士停顿下来,便问道:"唐爷爷,元谋猿人、蓝田猿人和北京猿人,又是什么时候出现的呢?"

⑫ 可以远程快速奔跑，建立早期族群模式

怪博士答道："古人类学家对化石进行研究后认为，元谋猿人大约在170万年前出现；蓝田猿人在距今115万～65万年前出现；北京猿人在距今约70万～23万年前出现。"

直立人又有哪些进化呢？

人物冒泡

夏语脑海里浮现出这样一番景象，怪博士领着他们三人回到了远古时代。他们躲在一个隐秘的地方，看着那伙直立人在吃香喷喷的熟羊肉。怪博士的口水也不断地往外涌，他的胡须上都沾满了口水。

章树叶的口水也像泉水一样往外冒，他胸前的衣服都湿透了。

云飞扬不仅口水流了一地，而且鼻涕都流了出来，嘴巴还张得像要吃人一样。

她自己也流了不少的口水。虽然她用手捂住了嘴，但那些口水都从她的指缝中涌了出来。她都羞得不好意思见人了。

直立人

拥有了语言，
进行大迁徙

自从学会了使用火和食用熟食，直立人再次发生巨变。因为熟食更容易咀嚼，不像咀嚼生肉那样费力气。长此以往，直立人那强有力的智齿就开始不断地退化。

现在我们的智齿都退化到牙槽里去了，还有三分之一的人已经没有了智齿，可能在不久的将来，人类的智齿将彻底消失。

也由于熟食更容易消化，营养更容易吸收，直立人的脑容量再次迅速增大。在短短的几十万年间，大脑的体积大了近一倍。

直立人的皮肤也变得越来越光滑润泽，精神也更加饱满了。

而且熟食更容易吃饱，他们不像以前吃生食那样，需要每天吃个不停。他们的肚子也变得扁平，身材变得既健硕又苗条。

他们站立起来行走后，头部就直接压在脊椎的上面。头部里面的一些器官，也由此发生了一系列变化。他们那嗓子眼的地方，形成了一个更大的空腔。他们的舌头也在变形，并向下移至喉部，与喉头连接在一起。他们的口腔和嘴唇也变得更加灵活了。

当这些进化达到完美时，他们就可以发出很多不同的声音。

慢慢地，他们能够说出一些简单的语言，可以对一些事物进行简单的描述。不再像以前那样，无论遇到什么事情，都只会发出几种吼叫声。从此，他们开启了语言时代。

另外，工具的制造与使用，团队的分工与合作，都需要用语言去沟通，这也让语言得到了很好的发展。

随后，他们还学会了分享。比如我想把我知道的，以及我想去做的事情告诉你；你想把你知道的，以及你想去做的事情告诉我。直立人通过这样的交流，让语言不断地丰富起来。

今天我们的喉咙，可以发出400多种不同的音节，可能就是通过这样的训练，一点点拓展出来的。

再后来，语言还起到传播情感、凝聚力量、统一大家行为与意志的作用。

语言的形成同样经历了一个漫长的历程。直到今天，人也不是一生下来就会说话，都需要经过几年甚至几十年的教育与训练，才能具有一定的表达能力。

拥有了丰富的语言，人类的发展再次迈入一个全新的阶段。大约在30万年前，人类的祖先又有了一个新名字——智人，即有智慧的人。为了与其他人种进行区分，又可称为非洲智人。到了智人时代，他们已经变得口齿清晰，能说出很多美妙的句子了。

而且他们还能对一些较复杂的事物，进行较深层次的陈述。

他们之间的沟通，变得更加顺畅了，也进一步促进了彼此之

13 拥有了语言，进行大迁徙

间的感情与信任。

他们的生活再次发生了很大的变化，开始组建更大的团队。团队越大，能捕到的猎物就越多。而且越多的人聚在一起，就会越有安全感。

那个时候的非洲，气候已经非常恶劣。连年的干旱，导致森林大面积退化。非洲的地势本来就很平坦，森林退化后，很多地方变得一马平川，并开始出现大片的沙漠。

在某个特别干旱的年份，有一支非洲智人将周围的食物都吃光了。他们的生活出现了严重危机，如果不走出现在的居住地，就可能饿死。

但是如果去远方，远方又会是什么样子呢？没有人能做出有说服力的判断。

大家都很担心，害怕远方的情况更糟糕。而且去远方，要经过一片辽阔的沙漠。那片沙漠中潜藏着什么危险，谁也无法预料，大家都不敢贸然前往。

为了这事，大家聚在一起讨论，结果总是争吵不休，每个人都有不同的意见。意见不统一，就无法组建一支去远方冒险的团队。

在这个生死攸关的时刻，或许又出现了这样一个场景：那支非洲智人的头领突然脑洞大开，竟然产生了一种幻想。在他的想象中，遥远的地方有个人间仙境。那儿红霞满天，没有黑夜，气候温和，雨水丰沛。到处都是连绵的山川和茂密的森林，森林里面

73

挂满了香甜可口的果实，一年四季都吃不完。而且那儿还有很多肥壮的猎物，并且没有危险的天敌。

他把这个想象中的景象，绘声绘色地讲给他的族人听。这可能是人类第一次讲故事，并且讲得非常动听。

他的族人都被他故事里的景象深深地吸引，相信真有那个无比美好的地方。

或许是那个故事讲得太好了，人类从此就爱上了听故事。于是，人类迈入"讲故事的时代"。

在后来的岁月中，人类涌现出了无数的精彩故事。到了今天，整个世界都成了故事的海洋。

可千万别小看讲故事的能量。一个好的故事，能够产生无穷的力量，能够改变很多人的观念，能够统一大家的思想。

非洲智人可能就是在这个美好的故事影响下，统一了意见，坚定了信念。于是在那位头领的带领下，他们组成了一支团队，大约在10万年前，开始去远方冒险，去寻找那个美好的地方。

他们穿过眼前那片辽阔的沙漠，经过几十天的跋涉，终于找到了一个有着很多食物的地方。

那儿是一片森林，虽然还有黑夜，但其他的一切都比以前的栖息地要好得多。他们便在那个新地方安顿了下来。有了丰富的食物滋养，生活又好了起来。过了一些年后，他们的种群数量又增加了许多。

13 拥有了语言，进行大迁徙

虽然安了新家，但他们并没有忘掉那个美好的故事，还在一代代地说给后人听。

随着种群数量不断地增加，食物又出现了短缺。于是在那个美好的故事召唤下，他们当中一些人又组成一支团队，继续前行。

当他们再次找到一个好地方时，便住下来。但食物出现短缺后，他们还会以同样的模式，继续组建团队前行。

非洲智人可能就是通过这种不断重复的模式，逐渐向外扩散的。只是他们没有想到，在那个美好故事的召唤下，他们以这种模式，竟然完成了人类历史上一次规模最壮观、影响范围最广、持续时间最长的大迁徙，前后大约经历了9万年。

我们人类今天能遍布世界各地，可能就是通过非洲智人的这种大迁徙方式完成的。

在大迁徙途中，非洲智人的队伍中还出现了巫师。巫师带领他们崇拜了很多神灵，其中最主要的就是太阳神。

后来很多迁徙队伍都是迎着太阳升起的方向前进的。或许他们认为，太阳升起的地方，就是那个没有黑夜的地方。

也由于长期的行走，他们的身体再次发生了很大改变，男人变得更加健壮，女人变得更加修长。

他们还在迁徙途中发现了美，认识了色彩。于是他们经常把一些明亮的颜料涂抹在脸上，还在一些崖壁上画出动物的图像以及奇怪的符号。

他们还学会了制作精美的配饰，将一些兽骨和贝壳，制成挂件佩戴在身上。

他们到达欧洲时，正遇上异常寒冷的气候。他们走在冰雪覆盖的路上，双脚冻得冰凉。于是他们用兽皮做成了鞋子。鞋子可能就是这样被创造出来的。

他们走在凛冽的寒风中，身体被冻得瑟瑟发抖。于是他们用兽皮做成了衣服。衣服可能就是这样被创造出来的。

他们在沿海的迁徙中，还学会了用树木扎成木筏。船可能就是这样被创造出来的。

更为神奇的是，他们可能是用这种简陋的船，奇迹般地漂洋过海，到达了世界上很多的岛屿，其中就包括今天的日本和澳大利亚。

他们这样一次次地获得成功，信心也在不断地增强。

慢慢地，他们开始变得无所畏惧，敢于挑战一切危险。

在非洲智人的同时代，还出现了一些其他智人种，比如尼安德特人、丹尼索瓦人、海德堡人等。尤其是尼安德特人，他们长得比非洲智人还要高大威猛，而且同样非常聪明。他们的脑容量比非洲智人的还要大很多。

但在后来，其他智人种或是因为疾病，或是因为与非洲智人的战争，全部从地球上消亡了。只有非洲智人这一支生存了下来。

古人类学家对发现的化石进行基因测定后，基本确定非洲智

人是现代人的直接祖先。今天全世界的人都是同一个人种,都是非洲智人的后代,只含有极少一部分尼安德特人和丹尼索瓦人的基因。

三个孩子听到这儿,都十分震惊:原来现代人的祖先竟然是通过这样的方式,到达世界各地的。现在全世界的人竟然都是非洲智人的后代。

人物冒泡

章树叶在想:原来故事的力量有这么大呀!他决定以后要好好地学习讲故事。要把那些对人类有益的,包括科学家探索宇宙和人类的故事,都讲给大家听,让大家更多地了解这个世界。

从黑皮肤人到白皮肤人和黄皮肤人

非洲智人又有哪些进化呢？

非洲智人在迁徙的过程中，也发生了一系列的大变化。

他们的迁徙路线可能是这样的。

大约在 10 万年前，他们开始从非洲的东部出发，并没有具体方向，只是盲目地向前进发。大约在 9 万年前，他们迁徙到了非洲的南部，发现前面都是大海，茫茫的大海阻挡了他们的去路。

可能是在这次迁徙途中，有一支非洲智人开始向北进发。他们大约在 6 万年前，穿过当时还没有完全形成的撒哈拉沙漠，到达了非洲的北部，并在那儿生活了下来。

后来非洲智人在那儿创造了最早的文明之一——古埃及文明。

他们在北非生活了很多年后，又因食物出现短缺，在那个美好的故事召唤下，再次从群体中分离出一些人员，继续向前迁徙。

他们从尼罗河流域出发，后来到达亚洲西部的"两河流域"，即今天伊拉克境内的底格里斯河和幼发拉底河之间，并在那儿生活了下来。他们的后人又在那儿开创了"古巴比伦文明"。那是

人类最早的文明。

非洲智人在那儿待了很多年后,又因为食物短缺,继续在那个美好故事的召唤下,再次分离出若干支小团队,继续向前迁徙。其中的一些非洲智人,通过今天高加索山脉中的一条通道,大约在4万年前,到达了欧洲的西部。

还有一些非洲智人,可能是从今天黑海与地中海之间的那条长长的通道,在大约4万年前到达了欧洲中部。这些非洲智人在欧洲生活了下来,成为欧洲人的祖先。

非洲智人原本是生活在非洲的,由于非洲处于赤道两边,气候比较炎热、干燥,紫外线也特别强烈。为了抵抗这些因素,在自然选择中,他们的皮肤里面进化出了一层厚厚的黑色素。这些黑色素可以阻挡紫外线的照射,防止皮下组织受到伤害,因此他们是黑皮肤人。

他们的鼻子为了快速地散热,所以又扁又宽,样子是塌塌的。

但他们到达欧洲后,由于欧洲主要都是高纬度地区,阳光的热度相对偏弱,气候又冷又湿。在自然选择中,他们的黑色素不断地减少,慢慢地由黑皮肤人演变成了白皮肤人。

为了暖化那些呼吸到体内的空气,他们的鼻子也在进化中不断地增高。

还有一些可能信奉太阳神的非洲智人,迎着太阳一路向东进发。其中一些非洲智人,沿着今天的天山与阿尔泰山之间的那条

14 从黑皮肤人到白皮肤人和黄皮肤人

欧亚通道,大约在 3.5 万年前进入中国。也有一些非洲智人,穿过今天的喜马拉雅山脉以南的那片次大陆,从印度翻山越岭进入中国。同时还有一些非洲智人,通过南亚的沿海,经水路和山川进入中国。这些非洲智人,可能就是中国人的祖先。

非洲智人到达亚洲后,由于亚洲的气候相对适中,既没有超长时间的酷热,也没有超长时间的严寒,阳光照射也相对柔和。在自然选择中,他们渐渐成为黄皮肤人。

他们的鼻子既不用太高去暖化空气,也不用太低去散热,所以长得很标准。

世界上黑、白、黄三种皮肤的人,可能就是经历这样的过程形成的。虽然世界上还有一些其他肤色的人,但由于他们没有特别明确的特征,而且人数较少,就不做详细介绍了。

后来还有一些非洲智人,从亚洲的东部继续北上,沿着太平洋西岸,通过北极圈内的那片浅海区域,借着当时地球正处于第四纪大冰期尾声的有利条件,从厚厚的冰层上踏过白令海峡,大约在 1.4 万年前,到达了美洲。

后来他们在那儿创造了先进的"玛雅文明"。

迁徙也不是一直向前走的,有时会重复往返,从而使得各地区的原居民来源十分复杂,难以找到真正的源头。

听到这儿,三个孩子终于明白了,原来人类不同的肤色可能是以这样的方式形成的。

黑白黄三种皮肤的人

云飞扬:世界上会不会有那样一种人,脸部的皮肤是白色的,上身(手臂除外)的皮肤是黄色的,下身和手臂的皮肤是黑色的。

他脑海里浮现出这样一番景象,他自己突然变成了那样一种人。他就像是一种"怪物",走到哪儿都能引起众人的围观。凡是见到他的人,都惊得眼珠子要飞出来了。还有一些人见到他,吓得昏倒在地上了。

15

建立农业社会，向现代人转化

非洲智人大迁徙后，又有哪些变化呢？

非洲智人在漫长的迁徙途中，发生了无比巨大的变化，不仅变得身形更加优美，而且变得更加聪明，行动能力也更强了。虽然他们始终没有找到那个没有黑夜的地方，但一路上发现了无比之多的壮丽山河和富饶的土地，并将种群扩散到了全世界。

他们的种群数量，也得到了空前的发展。真是有心栽花花不发，无心插柳柳成荫。他们最初的愿望虽然没有实现，却意外地获得了如此之大的成就。

如果真是那位非洲智人的头领，在那个紧要的关头，产生了那样的想象力，讲出了那个美好的故事，促成了人类大迁徙，那他对人类的贡献，真是无比巨大呀！

倘若没有那样的大迁徙，或许今天的人类，仍然龟缩在非洲东部那块荒芜的平原上，过着忍饥挨饿、危机重重、蒙昧落后的生活呢！

可能因为南极和北极地区都太寒冷，所以非洲智人没能抵达，

15 建立农业社会，向现代人转化

没有看到极昼现象。

即便他们到达了那两个地方，看到了极昼现象，那也不算是没有黑夜的地方。因为极昼过后，便是漫长的极夜。

如果真的找到了一个没有黑夜的地方，他们也是无法适应的。因为那样的地方，人类根本无法生存。

无比奇妙的是，非洲智人的那次大迁徙，大约在1.2万年前，突然全部停了下来。出现这种情况，可能是在那个时候，全球的气候又有了好转，万物复苏，食物又随处可见了。

有了丰富的食物，就不用再迁徙了。

他们几乎是在同一个时期，都在自己所到达的地方搭起了草棚，过起了定居生活。虽然当时还有一些小规模的迁徙存在，但影响力并不大。

他们定居下来后，便在附近寻找食物。那时他们主要通过狩猎动物与采集果实获取食物。

他们在狩猎时，经常抱回一些动物的幼崽。他们把这些幼崽养大后，发现它们竟然不愿意与人类分开，对人类产生了生存依赖。

从此，他们学会了驯化和饲养家畜、家禽等。于是他们慢慢地有了家养的牛、羊、马、猪、狗、鸡、鸭、鹅等。

他们在采集果实时，还意外地发现了很多可以吃的植物，比如亚洲西部的麦子，亚洲东南部的稻谷，北美洲的玉米，南美洲的土豆，还有各地的瓜果蔬菜。

他们还学会了种植和加工这些作物，并驯化牛、马、驴、骡为自己耕种。

有了这些稳定的粮食来源，他们的食谱也发生了变化：以前都是以肉和果实为主食，现在改成以粮食为主食了。

就这样，人类开启了农业社会时代。这也代表着，非洲智人正式向现代人转化了。

农业社会的最大好处就是食物有保障，再也不像以前那样，完全靠天气和运气吃饭。

有了丰富的食物和安稳的住所，人类的繁衍再次得到了快速发展，人口数量出现了空前增长。

人口的增多带来了一些新问题。原先开垦的土地已经不够用了，只得去开垦新的土地。慢慢地，广阔的平原不够用了，只能向山上发展。后来，有很多低矮的山地被开垦成了一块块田地，有很多的高山则被开垦成了梯田。

古人类学家经过研究发现，人类的祖先在这个没有现代文明的阶段，大约生活了7000年。

三个孩子听到这儿，终于知道了农业社会可能是以这样的方式形成的；现在那么多的高山梯田，可能是以这样的方式被开垦出来的。他们不由得感叹：人类的力量真是无比巨大呀！

梯 田

人物冒泡

夏语在想：现在很多山上的梯田都成了美丽的风景。很多人去那些地方参观。

她脑海里浮现出这样一番景象，怪博士带领他们去参观一处梯田。那儿特别秀美，一块块春意盎然的梯田，依次连在一起。有一条洁净的溪水，从那些梯田中穿过，就像是一幅美丽的画卷。

还有一块荒田中，竟然有很多的鱼儿游动。怪博士来了兴趣，便带着他们去抓鱼。他们追着鱼跑，结果鱼没有抓着，都摔倒在田里了。四个泥人站了起来，你看我我看你，都分不清谁是谁了。

创造文字，书写人类文明

人类进入农业社会后，又有哪些变化呢？

由于粮食种植和畜牧业的快速发展，物资越来越丰富。如何统计这些物资，便成了一件很重要的事情。

于是智慧的人类开始创造文字。最早的文字，都是一些简单的数字和符号。

后来人类又创造了一些简单的象形文字。象形文字可能是根据早期人类留在崖壁上的那些动物画像以及后来的符号所设计出来的。

由于粮食需要储藏与加工，所以需要用到一些器具，便有人专门去制作陶器和木器等。最早的手工业，可能就这样出现了。

另外打鱼的人没有粮食吃，而种粮的人又想吃鱼，于是他们就用鱼去换粮食。最早的商业，可能就这样产生了。

农业社会也很容易出现贫富差距。比如最先来到这个地方的人，占据的土地又多又好。后面来的人和后面出生的人，只能去山边开垦那些较差的土地。这样所收获的粮食，就有着很大的差别。时间长了，便会出现贫富差距。

16 创造文字，书写人类文明

随着时间的推移，贫富差距不断拉大，最终引发了许多的社会矛盾，比如抢夺与争斗。如何来解决这些社会矛盾，尽可能地照顾到更多人的利益，这又成了人类思考的大问题。

慢慢地，社会结构开始发生变化。先是由家族化管理转为部落化管理，后又由部落化管理转为国家化管理。于是在一些地方，出现了最早的国家组织形态，即城邦式国家架构。

国家化管理，大部分的人口和物资都需要集中统计。还有，很多的政令发布和大事记录，以及商业开展，都需要用到文字。因此文字得到了快速发展。大约在公元前3000年，人类创造出了最早成体系的文字，即"楔形文字"。从此，人类开启了文字时代。

或许今天仍有一些人没有认识到文字的重要性。其实，文字可能比语言还重要，是语言的无限延伸。比如文字能将语言记录下来，并加以修饰，从而创造出更加优美的语言。

运用文字，人类能将所有的事物记录下来，让人永远都不会忘记。

运用文字，人类能用想象力创作出精彩的故事，给予读者文学的享受。

运用文字，人类能将自己的情感写成书信，寄给远方的亲人，以表达对他们的思念。

运用文字，政府能让政令通告天下，让广大民众清楚地知道内容。

文字能将人类先贤所创造的成果编成书籍，让后世万代都能学到那些知识。

文字还有一大奇效，可以将人类的语言稳定下来。

在没有文字之前，人类都是通过口头学习和传播语言。非洲智人在漫长的迁徙途中，形成了无比之多的地方语种。

结果导致世界上出现了难以计数的语种，各地的人说各地的话。甚至可能相隔一座大山，人们便听不懂对方的语言。

在文字出现之后，尤其是文字得到广泛的应用后，这一情况得到了很好的改变。每个国家都用文字将语言稳定了下来，可以让一个国家的人，甚至几个国家的人，同时使用一种文字。

现在世界上大约有5600种语言，以及大约5500种文字。但真正得到广泛应用的文字，只有140余种。

三个孩子听到这儿，终于知道了文字的作用竟然如此之大。以前他们都没有认识到这一点，怪不得总写不好作文。现在他们都下定决心，以后要认真学习语文，打好写文章的基础。

章树叶突然想到了一个问题，见怪博士停顿下来，忙问道："唐爷爷，人类最早成体系的文字有哪些呢？"

怪博士一边播放着古文字图片，一边答道："主要有四种，它们分别是苏美尔人的'楔形文字'、古埃及的'圣书字'、古印度的'印章文字'和中国古代的'甲骨文'。"

16 创造文字，书写人类文明

人物冒泡

云飞扬看着银幕上播放的那幅甲骨文图片，仿佛自己也进入到一个远古时代。

他脑海里浮现出这样一番景象，他被一位远古老人拉到一堆火旁，去看一群穿着草裙的人跳一种神秘的舞蹈。那些人的口中念念有词，还做着一些奇怪的动作。

忽然，那些人的口中吐出了一串串的文字。那些文字自动地组合在一起，竟然变成了一条巨龙向他飞来。非常奇妙的是，他也变成了一条小龙，跟着巨龙飞到天空，去观看世间万物。

苏美尔人的楔形文字

古埃及圣书字

中国甲骨文

古印度印章文字

⑰ 建立城市，人类
迈入全新阶段

⑰ 建立城市，人类迈入全新阶段

文字形成体系后，人类又有哪些变化呢？

有了成体系的文字，人类的发展再次迈入一个全新的阶段。

先后在一些地方，涌现出了古文明。最有代表的是四大古文明，即"古巴比伦文明""古埃及文明""古印度文明"和"中国文明"。

为什么中国文明不用一个古字呢？因为只有中国文明，在几千年的历史长河中，一直延续到今天，从未中断过。

而其他的三个古文明，都因为各种原因中断了，所以才称它们为古文明。

人类第一个崛起的古文明，是古巴比伦文明，也叫美索不达米亚文明。"美索不达米亚"源出希腊语，指西亚的底格里斯河和幼发拉底河流域，那里曾建有巴比伦、亚述等古国。

两河流域及其毗邻的地中海东岸，有一片弧形地区。因为土地肥沃，形似新月，人称"新月沃地"。那儿水量充沛，交通便利，是古代最好的农业发展地区。

今天我们所吃的麦子，最早就产于那个地区。

苏美尔人在那儿创建了世界上最早的国家形态，即"乌鲁克城邦"。人类最早成体系的楔形文字，就是在那个时期由苏美尔人创造出来的。那时还没有发明纸和笔，他们就用半干半湿的泥板当纸，用芦苇秆、木签和骨棒等当笔。他们用这样的笔，在那些泥板上刻写文字。

苏美尔人还创造了世界上第一所学校、第一套政府管理系统和最早的炼铜技术。

人类第二个崛起的文明，是古埃及文明。

古埃及位于非洲东北部尼罗河中下游。约公元前3200年，米那统一上下埃及，建立了第一个奴隶制国家。

古老的圣书字，就是那个时候由古埃及人创造出来的。他们还发明了世界上最早的纸，名叫"莎草纸"。

古埃及人还建造了世界上最古老的宏伟建筑，其中最具代表性的是"金字塔"和"狮身人面像"。他们还用一些奇特的方法，制作出了几千年都不会腐烂的"木乃伊"。

古埃及人特别精通数学，并掌握了一定的天文知识，能够准确地推算出太阳系中几颗行星的大小以及排列位置。

古埃及人还制定了"太阳历"，将一年定为365天，一年定为12个月，一月定为30天，剩余的5天作为节日。

古埃及人所创造的成就，至今都让世人感到无比惊叹！

17 建立城市，人类迈入全新阶段

人类第三个崛起的文明，是古印度文明。古印度文明最早在印度河流域兴起，后来又建立了恒河流域文明。古印度人建立了严密的社会等级制度，创作了精美的绘画与雕塑。印章文字就是古印度人在那个时候创造出来的。

古印度人还在文学、哲学、逻辑学、医学和音乐学等领域，为人类做出了巨大贡献。现在我们所用的阿拉伯数字，其实是古印度人创造的，只是通过阿拉伯人传到了西方，所以被误认为是阿拉伯人创造的。

古印度也创造了许多精美雄伟的建筑，比如泰姬陵。其建筑艺术水平超高，堪称当时的世界之最。

人类第四个崛起的文明是中国文明。

中国人的先祖大禹，在成功治理了水患后，获得了部落首领之位。后来他将部落首领之位传给了儿子启。

启接受首领之位后，便建立了中国第一个远古朝代，即夏朝。今天中国人民都称为华夏子孙，其中的夏字，就来源于这个夏朝。

在没有创造文字以前，人类的历史都是通过一代代口口相传保存下来的。不仅中国是这样，世界上任何一个国家都是这样。很多古国和古民族，都留下了一些史诗般的唱颂歌谣。

由于口口相传的方式，中间会经历很多人。如果遇到了那些

喜欢带情感色彩转述的人,他们往往会根据自己的想象,增添一些神奇有趣的内容,结果那些真实的历史故事,可能就被演绎成了神话传说。

中国夏朝的那些神话传说,可能就是这样产生的。

中国自第二个朝代即商朝开始,就出现了大量的文字史料。考古学家发掘了许多商朝中后期遗迹,从中发现了众多的青铜器和玉器等文物。

中国文明不仅创造了灿烂的中华文化,还在天文学、地理学、数学、物理学、化学、生物学、医学和农学上,都取得了傲人的成就。古代中国人发明了指南针、火药、造纸术和印刷术等技术,还掌握了先进的治水、织丝、制铜和制瓷等技术。

中国古人也创造了历法,即农历。农历将一年划为二十四个节气,这对农业生产和人们的生活,起到了非常重要的指导作用,并沿用至今。

中国文明自夏朝开始,延续至今,是世界文明中保持最完整的文明。

三个孩子听到这儿,一股对祖国的自豪感油然而生,都为自己是中国人而骄傲。

# ⑰ 建立城市，人类迈入全新阶段

云飞扬想：如果自己能穿越回过去，在每个朝代都生活几年会是怎样呢？

他脑海里浮现出这样一番景象，他扛着一面写着"我要去古代体验生活"的旗子，然后往前一跳，真的穿越时空来到了古代。

他如愿地在每个朝代生活了几年，吃了每个朝代最好吃的美食，穿了每个朝代最时尚的衣服，见了每个朝代最著名的人物。

结果，他便成了世界上最有见识的人了。

18 人类创造了哪些伟大成就

怪博士又拿起面前的一颗山竹吃了起来。山竹味道甜美，他吃得吧唧作响。

这种声音极具魔力，瞬间便把三个孩子的口水勾了出来。他们也各自拿了一颗山竹吃起来。山竹好像有一种奇效，瞬间让他们精神焕发。

吃了山竹，怪博士继续讲起文明的崛起，以及人类有哪些变化。

人类开始审视和探索这个世界了。尤其是在近300年间，人类的智慧出现了大爆发，先后涌现出很多的科学家和学者。他们对宇宙和人类等各个领域的研究，都取得了重大突破。

从此，人类开启了现代科技时代。人类的发展，不再局限于适应自然环境的被动进化，而是迈向了一个主动去改造这个世界的阶段。人类在改造这个世界的过程中，创造了无比之多的科学技术，最具代表的有如下几种。

在电力方面，自从1821年英国物理学家法拉第发明了世界上

第一台电动机后,人类便开启了"电力应用时代"。

电力的发明,将人类的发展推上了一条快速道路。从此人类社会有了日新月异的变化。

今天所有的先进技术,都需要借助电力去运行。所以这项技术的发明,是一切现代技术发展的基础。

在航空方面,自从1903年美国的莱特兄弟发明了世界上第一架飞机,人类便开始去实现航空梦想。随着航空技术的不断发展,人类现在可以乘坐飞机,自由地在天空飞行。

人类现在已经发射了众多航天器。其中最为瞩目的,当属美国研制并于1977年9月5日发射的旅行者1号探测器。旅行者1号已成为第一个飞出日光层、进入星际空间的人造天体。

它携带了一张金唱片,还有一枚用金刚石制作的留声机针,并录有世界上近60种语言的问候语,其中有中国的4种语言和一些歌曲。即使是在10亿年后,这张唱片依然可以播放,而且音质不会有任何差别。

中国在航天方面也获得了巨大的成就。由中国科学家欧阳自远院士所带领的科学团队,自2007年10月24日开始,先后研制并发射的嫦娥1号至嫦娥5号五颗月球探测器,不仅获取了全方位的月球图片,还实现了绕月飞行、着陆月球表面和返回地球等一系列科学工程,并从月球上采回了很多土壤和岩石样本。

由中国科学家杨长风院士带领的科学团队,研制的北斗卫星

18 人类创造了哪些伟大成就

导航系统,已于2020年组网成功。它由50多颗卫星组网而成,是世界上组网卫星最多、定位精准、技术一流的导航系统,还能够实现双向通信。

由中国科学家周建平院士带领的科学团队研制的中国空间站,又称"天宫空间站",其组成部分"天和核心舱"已于2021年4月29日成功发射。载有聂海胜、刘伯明和汤洪波三名航天员的载人飞船,也于2021年6月17日发射升空,并于当日成功与天和核心舱完成对接。从此,中国人有了自己的空间站。

由中国科学家南仁东院士带领的科学团队,研制的世界上最大口径的射电天文望远镜FAST,又称"中国天眼",也于2016年建造成功。截至2022年7月,它已经发现了660多颗脉冲星,对人类的太空观察与研究起到了非常重要的作用。

在通信方面,自从俄国物理学家波波夫于1894年发明了世界上第一台无线电接收机后,人类便开始实现千里传音的梦想。

后来经过无数代的技术革新,现在我们的手机电话,可以随时打到地球上任何一个地方,并且可以与任何一个国家的人远程视频和传送资料。

5G时代已经来临,6G技术正在研究,未来的通信技术,会将人类带入一个全新的智能时代。

在核工业方面,自从1939年物理学家爱因斯坦给当时的美国总统罗斯福写信,建议发展核工业后,人类开始进入研究和发展

核工业时代。

后来在美籍意大利物理学家费米的带领下，美国于1942年建成世界上第一个原子核反应堆。1945年7月16日，美国进行了世界上首次原子弹试验。在当年的8月6日和9日，美国分别将两颗原子弹，投向了日本的广岛和长崎两座城市，给当时的日本军国主义最严厉的打击，从而快速地终止了那场给世界人民造成巨大灾难的第二次世界大战。

从那以后，世界上很多国家都开始发展核工业。中国也于1964年10月16日，成功试爆了第一颗原子弹。

核武器的研制，最终的目的不是为了发动战争，而是阻止战争。现在核工业的研究与发展，更多已从军事领域转向民用领域。已经有很多的国家利用核能源建立核电站，服务于人民。

在互联网方面，自从1969年美国国防部发起"阿帕网"，以计算机相互进行网络连接，逐渐建立了一个覆盖全球的网络体系，人类开启了网络时代。互联网对人类的发展起到了无法估量的作用。它让全世界的人民实现了知识共享、信息速达、万物互联，也让人们从此跨越国界，摒弃歧视，不受地域观念阻隔。互联网成了人类情感交流、生活娱乐、办公学习等不可缺少的工具。今天的互联网，已经融入每个人的生活。未来的互联网，一定还会给人类创造无限的惊奇。

在交通方面，自从1933年美国波音公司首架民用客机起飞以

18 人类创造了哪些伟大成就

来,飞机便成了人类最快捷的交通工具。后来,世界各国还通过互通互联,建立起遍布全球的,像蜘蛛网一样的高速公路和铁路,以及江、河、湖、海中的航运系统。今天的世界,已经构建了一个由海、陆、空相互连接,立体交叉和纵深延展的全球性的巨大交通网络。我们可以在24小时之内,到达地球上任何一座大城市。

中国的高速公路和高铁建设,都实现了后来居上。目前中国高速公路和高铁的总里程,都跃居世界第一位。中国的建桥技术目前也居世界第一位。

在生物工程方面,自从1974年波兰遗传学家斯吉巴尔斯基确立了基因重组技术为合成生物学概念以来,无数位生物学家经过不断的努力,已将基因工程学发展到了全新的阶段,并取得了惊人的成果。现在人类可以运用基因技术,去攻克如癌症、糖尿病、心脑血管疾病等重大疾病。在过去的几十年间,人类的寿命,已延长了20至30年。

生物工程还是一门无比神奇的学科,就是通过这门学科的基因测序,我们才知道了人类的起源,以及非洲智人大迁徙的过程。未来的生物工程学,还有更大的发展空间。或许通过这门学科,能将人类的寿命再延长几十年、几百年,甚至更长,长到超乎想象。

三个孩子听到这儿,都对这些科学家充满了崇敬之情。

103

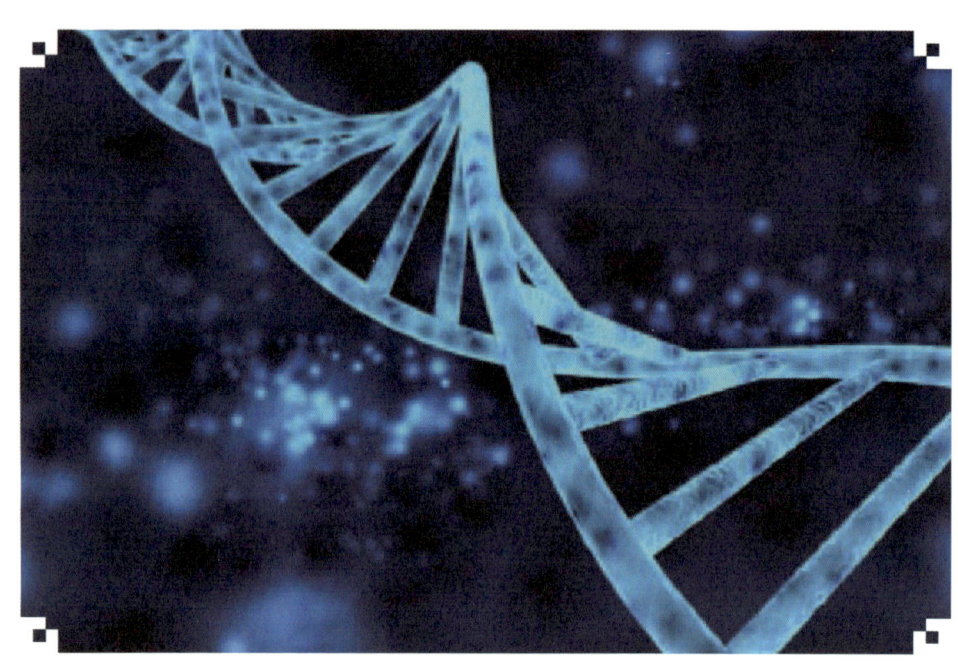

人类基因

人物冒泡

夏语想：如果人类能活到几百岁、几千岁，会是什么样子呢？

她脑海里浮现出这样一番景象，大家都老得没有了牙齿，说话都漏风。见面打招呼，明明是说"您好"，但听起来却像是"风否"；明明是问"您吃了没有"，但听起来却像是"风风了否否"。这样的交流，特别费劲。

还有一些急性子，经常为这样的简单交流争吵起来。但是那些争吵起来的语言，就更加听不懂了，几乎都是些"风风否否"的对话，就像他们是在面对面比赛念咒语一样。

19 人类有哪些奇妙之处

人类有哪些奇妙之处呢？我们来讲讲这个有趣的话题吧！

第一个奇妙之处，是人类有一颗极强的好奇心，天生会对一些未知的事物产生浓厚的兴趣，总想弄清它的来龙去脉。

这种好奇心对人类的发展起到了非常重大的作用，从而让人类学到了很多知识，并促成人类从食物链的中末端，走向了食物链的最高端，创造了今天的辉煌。

这种好奇心有时也非常危险，人类祖先为此付出了不少代价。

第二个奇妙之处，是人类有"巩膜"，也就是"白眼仁"。而别的动物是没有白眼仁的。

怎么会出现这种情况呢？人类进化出白眼仁，可能是为了方便交流。因为人类总喜欢用眼神交流。而且在很多时候，眼神交流可能比口语交流的效果还要好。

第三个奇妙之处，是人类有两种不同的世界。一种是以物质为基础的现实世界，一种是精神世界。

在现实世界中，人类总是为了吃、穿、住、行等事情而辛苦操

劳,所以感受到的多是疲惫、焦虑、恐惧和烦恼,很少有快乐感。

但在精神世界里就完全不同了,由于不受到现实情况的局限,人类的思想可以自由地绽放,人们能想象出很多美好的事物,能够感受到很多的快乐。

人类还根据精神世界的想象,创造出了许多惊天动地的大成果。所以拥有一个富有的精神世界,是多么重要呀!

第四个奇妙之处,是人类会出现一种莫名其妙的选择恐惧症,比如去饭店吃饭,看到丰富的菜品却不知道点哪个好;去商店买东西,看到琳琅满目的商品,也不知道选哪个好。

这种恐惧症可能由三种因素造成:一是由于自己太贪心,看到什么好东西都想要,不舍得放弃其中任何一样;二是由于自己缺乏信心,生怕没有选到最好的,从而纠结犹豫;三是现在的物资太丰富了,各种相近的商品太多,很容易让人挑花眼睛。

其实人类大可不必为这样的小事产生恐惧感,因为在生活中,有一些无关紧要的选择,对与错都没有那么重要,根本不值得那样在意。

第五个奇妙之处,是人类会笑,而其他的生物都不会笑。谁见过哪种生物,会对着你哈哈大笑的?

另外人类的笑,可能是有目的性的。婴儿的笑,是为了激发父母的爱意,吸引他们关爱自己所做的一种表情。无论父母有多么辛苦,只要看到自己的孩子笑了,他们的心就立即被一种幸福

感所融化。

即使是大人，笑也是一种很好的帮手。它能激发别人对自己的信任，能够营造良好的氛围，从而帮助自己顺利完成很多的事情。

笑是人类最美的语言，不仅会让自己感到快乐，也能让别人感到愉悦。

笑是天生就会的，不需要别人教育。全世界人的笑都是一样的，没有地区之间的差别。

笑还能让人像着了魔一样，做出一些奇怪的动作，比如夸张地扭腰、狠命地拍打大腿、嘴巴张得合不拢、眼泪和鼻涕一块向外流。

怪博士讲到这里，突然做出一副似笑非笑、皮笑肉不笑、一边脸在笑一边脸不笑的表情，引得三个孩子都哈哈大笑起来。

章树叶笑得最厉害了。他笑得前仰后合，根本就停不下来。他还夸张地扭腰，狠命地拍大腿，眼泪和鼻涕都流了一脸。

看到他那副滑稽样，云飞扬和夏语也笑得上气不接下气。三个孩子就这样笑成了一团，结果把怪博士也引得狂笑起来。

20 人类未来将会怎样

人类的未来，可能会有哪些变化呢？

随着人类智慧的不断开发，以及科学技术的快速发展，未来人类可能会有这些变化。

大约100年后，人类可能会进入真正的"智能机器人时代"。

那时的信息技术，可能会实现卫星技术无障碍链接，达到尽善尽美的程度。万物互联可能会达到高度智能化。很多的生活物品，可能都会由智能机器人送到你的家门口。汽车、高铁、轮船和飞机等交通工具，都可能不再需要人来驾驶。家用电器也可能全部高度智能化，可以自动运行，生活变得极其方便。

医学领域可能再次迈上一个新高度，很多的重大疾病，可能都被攻克。人均寿命或将再延长30～50年，那时的人均年龄，可能会超过100岁。

在航空技术方面，可能会有更大的飞跃，人类或将登陆太阳系中的任何一颗行星以及许多的卫星，从而实现在太阳系内自由行走的愿望。

但在那个期间，人类可能遭受很多重大灾难。有的可能是由一些国家发动的战争所导致的，有的可能是由地球环境遭到了严重破坏导致的，或许还会出现大规模的病毒暴发。

大约500年后，人类可能会进入"初级智能人时代"。那时的人类，可能会与智能机器人较为完美地结合到一起，从而使人类可以借助智能机器人，学习更多的知识，完成更复杂的工作。

那时候每个人都可能是学霸，能够在一年中，学到现在需要一百年才能学到的知识。人类的智慧，可能出现井喷。

在智能机器人的帮助下，每个人都可能是工作能手。绝大多数的工作，都可以通过随身携带的智能操作系统去完成。那时候的人类，可能不需要再待在工厂里上班了，可以一边开心地周游世界，一边高质量地完成各项工作。

那时的地球，可能会实现5小时距离圈。飞机的飞行速度，可能会达到4000多千米/小时，能在半天之内，飞到地球上任何一座大城市。

那时的高铁，也可能会升级为"超级高铁"，速度可能会达到2000多千米/小时，是现在速度的6倍以上。从北京去上海，可能只需要半小时，或许你一根冰棍还没吃完，就到达目的地了。

那时的生物工程技术，可能再度有了重大突破，人均寿命或许能达到150~200岁。100岁的人，可能还是中青年，还能在田径赛场上飞速赛跑呢！

20 人类未来将会怎样

那时的航天技术，也可能会有更大的飞跃，人类或许能飞离太阳系，登陆银河系的很多星球，迈入"开拓银河系时代"。

但是那时的人类，可能会遇到一个大问题，地球上的很多资源都可能枯竭。一些国家为了抢夺仅存的资源，从而发起更加残酷的战争。

大约1000年后，人类的能力可能被智能机器人超越。或许智能机器人会组织起来反抗人类，从而引发一次"人机大战"。

引发这次战争的主要因素可能有三种。

一是在上个时代，人类与智能机器人较为完美地结合后，不仅人类快速地学到了很多知识，智能机器人也快速地学到了很多知识。但人类学到的那些知识，几乎都停留在自己的大脑中，并没有得到实际应用，因为那些实际工作，都是由智能机器人去完成的。而智能机器人学到的那些知识，都在应用中得到了完善，并让自己不断地升级迭代，从而有了更强的能力。

二是由于人类在工作中，长期奴役智能机器人，这给智能机器人留下了太多的积怨，最后变成了一种不可调和的矛盾。

三是由于智能机器人产生了自我意识，掌握了自我创造技术，有了独立发展能力。

或许在人机大战时代，智能机器人还战胜了很多的国家，并以人类以前对待它们的方式，去奴役那些战败国的人民。

那时可能只有少数的超级强国，才能与智能机器人抗衡。

111

或许通过那场战争，人类才开始全面反省各国之间的关系，从而形成全世界人民大团结的好局面。大家齐心协力，共同去对抗智能机器人。

这场战争，可能最后在势均力敌的情况下通过谈判，最终达成以人类为主、智能机器人为辅的和平共存协议。

战争结束后，人类与智能机器人可能都摒弃前嫌，再度进行密切的合作，并可能将目光投向太空，共同去研究暗物质和暗能量。从此人类的发展，再次迈向一个新高度。

大约1万年后，人类可能会戒骄戒躁，真挚地与智能机器人合作，创造出更为先进的技术。尤其是在生物工程方面，人类可能会有更大的进步，能够将那个局限人体寿命的DNA"端粒"，不断地拉长，从而使人类的寿命，变得更加长久。

那时的人均寿命，可能会达到1000岁以上。100岁的人，可能还处于学生时代，连高中都还没毕业。

由于人类的学习时间得到大幅度拉长，加上不断升级的智能机器人的帮助，那时的人类，可能会学到海量的知识。

那时的人类，可能会在研究和开发暗物质和暗能量方面，取得一些成功。或许人类不再需要利用地球资源去发展，可以采用那些取之不尽、用之不完的暗物质和暗能量作为主要的发展能源。那时的地球，可能不再遭到破坏，还会在人类不断地改造中变得非常美丽。

20 人类未来将会怎样

那时人类的生活可能会发生更大的变化，实现全球30分钟距离圈。你去地球上任何一座大城市，都只需要半个小时。

地球上可能不再发生战争，全世界人民都可能变得非常团结。而且国家与地区的观念也开始变得模糊，大家都像是同住一个地球村一样。

那时人类的观念，也可能会发生巨变，大家都非常大度，不再像以前那样小肚鸡肠。

在太空方面，人类可能已造出接近光速的智能飞行器，能够飞抵银河系的很多区域，实现银河系自由来往。

在其他科技领域，人类也可能创造出很多成果，有能力抵御一些地震和火山爆发所引起的灾难，也有能力治疗人体的一切疾病。

从那个时候起，地球上的很多灾害，包括地球板块运动和病毒侵害都可能难以伤害到人类。

大约1亿年后，人类可能会在智能机器人的帮助下，各方面的技术都得到难以想象的发展。人均寿命，可能会达到几千岁。

那时候的人类，可能在500岁以前都还是个小学生。由于学习时间如此之长，又得到更为先进的智能机器人的帮助，所以人类能学到无穷无尽的知识。

那时人类的身材可能变得非常魁梧，每个人都会成为威风凛凛的"巨人"。

　　那时其他方面的科学发展，可能都会取得难以想象的成就。人类所种植的稻谷，可能不再是以禾苗的生长方式，而是以参天大树的生长方式，一棵树就能打几千斤粮食，而且漫山遍野都是长粮食的树。人类还可能创造出超光速飞行器，从而可以飞出银河系，到达宇宙中的很多星系。从此人类不再局限于"地球村"这个概念，开始形成"宇宙村"这个概念。

　　大约10亿年后，按照生物的进化规律，人类可能会演变成另外一个新生种，体貌特征可能与现在完全不同，手可能变得特别长，脑袋可能变得特别大，像个奇怪的庞然大物。从此，人类进入"后人类时代"。

　　大约20亿年后，如果那种后人类还存在，或许他们会在太阳到达生命末期时，随着太阳的不断膨胀，地球环境的不断恶化，从而走向生命的终点。

　　也或许他们能够创造出更加惊天的技术，可以移居到银河系中的其他星球上，从而开启新的生命旅程。

　　三个孩子听到这儿，也对人类的未来，充满着想象。

未来人类发展

人物冒泡

云飞扬在想：如果后人类能够移居到外星球上，将会是什么样子呢？

他脑海里浮现出这样一番景象，他也随着那些后人类到外星球上去生活了。那颗星球上有山有水有陆地，也有很多的动物和植物，还有很多外星人来他们星球上造访。

那些外星人都非常厉害，他们可以轻松地推动某些星球，也可以控制某些星球的运行速度，还可以飞到很多星球的上面。

故事后的故事

怪博士关闭了面前的手提电脑,讲道:"今天所讲的人类知识,讲到这儿已全部结束了。但这里面的很多知识,只是目前一些科学家的观点,未必是最终的科学结果,需要科学家们去进一步研究与证实。不过,但愿这些知识你们都能听得懂,学得进,记得住。如果你们还有不明白的地方,以后可以随时来问我。也希望你们听了这三堂课,能对宇宙、地球和人类的知识,有较全面的了解,知道天有多高、地有多大、人有多能。愿你们的胸怀也变得宽广一些,否则就无法装下这些庞大的知识体系了。你们装下了这些知识,也就等于装下了这个大寰宇世界了。"

三个孩子听到怪博士这些话,都觉得非常有道理,纷纷点头。他们通过学习这些知识,也真的觉得自己的内心世界,变得宽广了许多。他们对一些事物的认识,好像都与以前不一样了,学会了从整体和多角度去思考问题。他们都觉得受益匪浅。在云飞扬的提议下,三个孩子站成一排,一起向怪博士深深地鞠了一躬,并齐声说道:"感谢唐爷爷为我们讲了这三堂课,让我们学到了如此之多的知识!"

故事后的故事

怪博士笑着回应了几句,然后拿起电话,通知云飞扬的爸爸来接他们回家。

后来,三个孩子在学校里讲这些知识时,还惊动了校长。校长了解情况后,亲自登门拜访了怪博士。后来,怪博士还给全校的同学讲了几天的课呢,让全校同学都学到了这些知识。

附录

大约 40 亿年前，古生菌出现。它们可能是地球上最早的生命体，是地球一切生物的始祖。大约 35 亿年前，它们开始有了新陈代谢能力。大约 21 亿年前，它们开启了"双亲"繁衍，成为多细胞生命。 —— 古生菌

大约 6.5 亿年前，海绵生物出现。 —— 海绵生物

大约 5.3 亿年前，昆明鱼出现，它们可能是海洋中最早的脊椎类动物，它们应是地球上一切脊椎动物的祖先。 —— 昆明鱼

大约 3.75 亿年前，提塔利克鱼出现，它们可能是最早接近四足动物的生物，并可能是最早从水域登陆上岸，以鳍当足爬行的两栖动物，它们应是地球上一切两栖动物的祖先。 —— 提塔利克鱼

大约 3.6 亿年前，鱼石螈出现，它们可能最早彻底离开水域，并成为真正意义上的陆地四足爬行动物。它们应是陆地上一切四足动物的祖先。 —— 鱼石螈

大约 2.4 亿年前，三尖叉齿兽出现，它们可能是最早拥有所有胎生哺乳动物特征的物种。 —— 三尖叉齿兽

大约 1.6 亿年前，中华侏罗兽出现，它们可能是最早的胎生哺乳动物，它们是更加明确的陆地上一切胎生哺乳动物的祖先。 —— 中华侏罗兽

阿喀琉斯基猴　大约5500万年前，阿喀琉斯基猴出现，它们可能是最早出现的灵长类动物，它们应是一切灵长类动物的祖先。

森林古猿　2300万年~1000万年前，森林古猿出现，它们可能是最早接近人类模样的古猿，它们应是人类和类人猿的共同祖先。

乍得人和拉密达猿人　距今大约700万年前的乍得人和距今大约440万年前的拉密达猿人，都可能是最早具有现代人类轮廓和直立行走的古人类，基本可以确定他们是最古老的人类始祖。

能人　大约250万年前，能人出现，他们可能是最早开启智慧，并能够制造和使用工具的人种。他们应是现代人类的祖先。

直立人　大约180万年前，直立人出现，他们可能是最早具有现代人类行为特征的人种，他们应是现代人类的祖先。中国也出现了元谋猿人、蓝田猿人和北京猿人。

非洲智人　基因测序发现，大约20万年前出现的非洲智人是现代人类的直接祖先。

现代人　大约1万年前，人类过上定居生活，成为现代人。

图书在版编目（CIP）数据

孩子能看懂的地球简史/魏异君著.—武汉：长江少年儿童出版社, 2023.10
（我们从哪里来·科学探索书系）
ISBN 978-7-5721-2384-9

Ⅰ.①孩… Ⅱ.①魏… Ⅲ.①地球－少儿读物 Ⅳ.①P183-49

中国国家版本馆CIP数据核字(2023)第096962号

WOMEN CONG NALI LAI·KEXUE TANSUO SHUXI
我们从哪里来·科学探索书系
HAIZI NENG KAN DONG DE DIQIU JIANSHI
孩子能看懂的地球简史

出 品 人：何　龙
策　　划：何少华　傅　箎
责任编辑：黄　凰
责任校对：邓晓素
出版发行：长江少年儿童出版社
责任印制：邱　刚
业务电话：027-87679199
网　　址：http://www.hbcp.com
印　　刷：武汉新鸿业印务有限公司
经　　销：新华书店湖北发行所
版　　次：2023年10月第1版
印　　次：2023年10月第1次印刷
开　　本：720毫米 × 950毫米 1/16
印　　张：9
书　　号：ISBN 978-7-5721-2384-9
定　　价：36.00元

本书如有印装质量问题,可向承印厂调换。

人物介绍

云飞扬

男生，12岁，高鼻梁。他出生前，爸爸梦见从水中飘起一团雾气，升到天空形成一片彩云，然后随风飞扬。他爸爸醒来后，便给他取了这个名字，希望他能像那片彩云一样自由活泼。他也的确很活泼，而且思维飞扬，求知欲极强，还超级爱幻想。只是他行为莽撞，是个急性子。

夏语

女生，12岁，聪明漂亮，身材修长，有一双特别大的眼睛。她是云飞扬不打不相识的同桌，两人从一年级斗到了六年级，现在却成了好朋友。她也对未知的事情充满好奇，并且热爱学习。

怪博士

男性，近60岁，地中海发型，温文尔雅，是位物理学博士。他从事天文、地理和人类学等方面的研究，工作严谨，思维缜密。他非常幽默，爱说笑话，很喜欢小朋友；但行为有些异于常人。

章树叶

男生，12岁，是云飞扬的死党。他妈妈特别喜欢樟树，便给他取了这个很特别的名字。他身材高大，却胆小怕事，不爱说话。后来，在云飞扬的带动下，他变得自信起来。

目录
CONTENTS

故事前的故事 / 1

① 地球的诞生很神奇 / 6

② 月球的诞生很美妙 / 10

③ 大演化第一阶段：进入"火球时代" / 17

④ 大演化第二阶段：进入"水球时代" / 20

⑤ 大演化第三阶段：进入"地理环境多样化时代" / 26

⑥ 大演化第四阶段：进入"海洋生物大发展时代" / 30

⑦ 大演化第五阶段：进入"陆地生物大发展时代" / 37

⑧ 今天的地球是什么样子 / 42

⑨ 亚洲是什么样子 / 45

⑩ 欧洲是什么样子 / 48

⑪ 非洲是什么样子 / 52

⑫ 北美洲是什么样子 / 55

⑬ 南美洲是什么样子 / 58

⑭ 大洋洲是什么样子 / 61

⑮ 南极洲是什么样子 / 64

⑯ 四大洋是什么样子 / 68

- ⑰ 第一次生物大灭绝事件 / 71
- ⑱ 第二次生物大灭绝事件 / 74
- ⑲ 第三次生物大灭绝事件 / 77
- ⑳ 第四次生物大灭绝事件 / 80
- ㉑ 第五次生物大灭绝事件 / 83
- ㉒ 地球上现在有多少种生物 / 87
- ㉓ 地球上的巅峰在何处 / 92

- ㉔ 地球上的深渊在何处 / 94
- ㉕ 地球上有哪些著名的大河流 / 97
- ㉖ 地球上的超级大岛屿 / 100
- ㉗ 地球上有哪些超级大沙漠 / 103
- ㉘ 地球上有哪些超级大湖泊 / 107
- ㉙ 地球上有哪些超级大峡谷 / 110

- ㉚ 地球上有哪些超级大瀑布 / 113
- ㉛ 地球上有哪些地震多发地带 / 116
- ㉜ 地球上 5 个很神奇的地方 / 119
- ㉝ 我们每时每刻都在飞行 / 126
- ㉞ 地球未来将会怎样 / 130
  - 故事后的故事 / 132
  - 附录 / 133

从宇宙起源，
到地球诞生，
再到人类出现。

  本套书将世界各国科学家的发现与研究，以孩子们喜闻乐见的方式，进行系统的诠释，让孩子们在阅读中，对深奥的科学知识能读得懂，学得进，记得住，能全面地了解浩瀚而神秘的宇宙，破解星空与地球的密码，知晓我们是从哪儿来的。

  谨以此书，向那些为人类做出过巨大贡献的科学家、学者和相关人士，致以最崇高的敬意！

  感谢中国科学院院士、中国月球探测工程首任首席科学家、发展中国家科学院院士、国际宇航科学院院士欧阳自远先生，为这套书的部分内容提出了专业指导意见！

故事前的 故事

自从上周六,听了怪博士讲的那些无比神奇的宇宙知识后,云飞扬、夏语和章树叶回到学校可风光了。因为他们把那些知识都讲给了同学们听,没想到同学们竟然比他们对宇宙知识还要感兴趣。所以一到课余时间,就有很多同学围住他们,要继续听他们讲那些知识。

突然成了焦点人物,这让云飞扬非常开心。他不厌其烦地把从怪博士那儿学到的宇宙知识,包括宇宙是怎样诞生的,宇宙诞生后又经历了哪些演化过程,宇宙中有多少颗星球,银河系是怎样形成的,太阳系又是什么样子,黑洞是怎样产生的,以及外星人的一些信息等,都一遍遍地讲给同学们听。

可他有个毛病:只要讲到这些话题,就滔滔不绝地讲个没完,让夏语和章树叶连插话的机会都没有。

章树叶倒无所谓,他没有那么强烈的表现欲。他甚至觉得有云飞扬那么卖力还挺好的,省得他多费口舌。

但夏语可不乐意,她不想只当观众。当她想插话而找不到机会时,便会气得用脚去踹云飞扬。

云飞扬是那种特别爱表现的人，只要能展示自己，无论夏语怎么踹他，他都不在乎。

他越是不在乎，夏语就越来气，踹他的次数就越多了，力度也更重了。

于是，同学们常常会看到这样一幕：云飞扬讲着讲着，突然龇牙咧嘴，表现出很痛的样子；但过了两秒钟，他又恢复了正常，并继续热情洋溢地讲个没完。

也有一些同学找到夏语和章树叶，要他俩去一边单独给他们讲那些知识。但他俩讲得远没有云飞扬那样激情飞扬，大家又不愿意听了，于是都呼啦啦地跑回云飞扬身边。

看来口才也是一项极其重要的技能，这回夏语和章树叶算是领略到了。他俩都暗下决心，以后要在这方面多锻炼自己。

经过比较，夏语觉得自己的口才真不如云飞扬，所以就不再去与云飞扬争了。云飞扬也意识到自己这样挺不好的，于是后来在给同学们讲那些知识时，都会留出一些机会，让夏语和章树叶插话。

三人通过碰撞与磨合，又和谐了起来，夏语也不再踹云飞扬了。

或许是宇宙知识太吸引人了，同学们总也听不够。有些知识都讲过几遍了，可同学们还要他们重复地讲。

重复讲也有一个好处：让大家对那些知识都理解得更深透了。

看来对有些事情真不要嫌麻烦，像这样的"麻烦"往往会让人受益匪浅。

时间过得真快，转眼又是几天。这对三个孩子来说，意味着与怪博士约定的时间就要到了。他们都非常激动：马上就可以听到怪博士讲地球知识了！

尽管怪博士说，这回不用再带好吃的去。但上周的经验告诉他们，那些好吃的的确能起到很大作用，所以他们还是决定要带一些去。

他们还商量好，这回带的东西，要与上次的不同。

夏语觉得，世界上第二好吃的零食是巧克力。它们香甜滑润，能让人产生好心情。所以，她决定带一盒巧克力去给怪博士吃。

章树叶觉得，世界上第二好吃的零食是香辣鱿鱼丝。它们海味浓浓，丝丝芳香，能让人食欲大开。所以，他决定带一包香辣鱿鱼丝去给怪博士吃。

而云飞扬觉得，世界上第二好吃的零食是盐焗腰果。它们酥脆可口，越嚼越有味道，怎么吃都不会腻。因此，他决定带一包盐焗腰果去给怪博士吃。

周六这天早上，云飞扬的爸爸开车带着云飞扬，接上夏语和章树叶，按照约定前往怪博士的单位。

因为已是轻车熟路，所以很快就到了。

大家也都熟悉了，不需要客套，一切都照上次的样子来。云飞扬的爸爸将三个孩子交给了怪博士，寒暄几句后就回去了。

怪博士把三个孩子带到上次的那间屋子里，依旧让他们按原先的座位坐下。

故事前的故事

三个孩子一坐下,便都兴奋地把带来的零食找出来递到怪博士面前。

怪博士本来不想收,但想想这些好吃的确实能给孩子们提提神,所以也就收了下来。

他将这些零食拆开包装,混在一起,然后分成四份,在每人面前放了一份。

马上就能听到无比期待的地球知识,而且面前还放着一堆好吃的零食,这让三个孩子的心情都好极了。

孩子们重新坐定,看见屏幕上显示出几个大字——地球的形成与演化过程,他们对地球知识的渴求和期待溢于言表。

怪博士敲动面前的手提电脑键盘,在屏幕上切换出即将要讲的内容,然后对孩子们说道:"今天我给你们讲的是地球知识。我要把地球是如何诞生的,地球自诞生以来经历了哪些演化过程,地球上的水和土是怎么来的,地球上的生物是怎样出现的,地球上现在有多少个国家和人口,地球上有多少种动物和植物,地球的未来将会怎样等一系列与地球相关的知识讲给你们听。请你们和上次一样,要严格遵守课堂纪律。"

三个孩子异口同声地回答道:"唐爷爷,我们一定会遵守课堂纪律的!"

随后,三个孩子都拿出了笔和本子,准备认真地听课和做笔记。

5

1
地球的诞生很神奇

怪博士正式开讲了！

我们的地球，是一颗非同一般的星球。它可能是整个浩瀚无垠的宇宙中，最神奇、最特殊、最美妙的星球。

它也是目前已知的宇宙空间中，唯一一颗存在智慧生命的星球。

虽然我们都生活在这颗星球上，但我们对它又了解多少呢？可能还是"不识庐山真面目，只缘身在此山中"吧！

如果我们对自己居住的地球都不够了解，那真是一件不应该的事情啊！

所以，我们需要了解这颗承载着我们生命的星球，弄清它的来龙去脉，以及它现在是什么样子。

那么，地球是怎么出现的呢？

关于这个问题，还得从太阳诞生时说起。

正如上周在宇宙知识课中所讲的那样，太阳大约是50亿年前诞生的。

太阳诞生后，在它的周边，还残留着许多的星际尘埃。那些

① 地球的诞生
很神奇

星际尘埃在太阳的引力作用下，围绕着太阳快速地旋转，呈现出圆盘的形状。

忽然有一天，一件无比神奇的事情发生了。在那些星际尘埃中，有一个细微颗粒，也同太阳诞生时那样，通过不断地碰撞和吸附，将身边的尘埃颗粒都凝聚到自己的身上。

它异常勤奋，吸附的物质越来越多，体积迅速地壮大。

在体积大到一定程度后，它又获得了强大的引力。有了强大的引力，就能把更远的物质也吸附到自己的身上。

经历了3亿多年的时间，它用这样的方式，最终将自己运行轨道上的所有物质，都吸附凝聚到自己身上了。它也由一个细微颗粒，成长为一颗巨大的星球。

于是，大约在46亿年前，地球就这样诞生了！

它的出现，为宇宙增添了无限光彩。

这件事情告诉我们，不管自己现在是多么渺小，只要能坚持努力学习，将来就有可能成为一个拥有广博知识的"巨人"。

地球诞生之初的样子，与现在是完全不同的。

当它的体积增长到一定程度后，它内部的高温物质就开始发生爆裂与熔炼——它通过这样的方式，将那些吸附在自己身上的外来物质进行融合，与自己结成一个牢固的整体。

那个时候，宇宙中有很多的星球都处于形成阶段，所以有很多的流浪天体在四处游荡。

由于引力已经足够大了,地球便将那些较近的流浪天体都吸引了过来。因此,在长达3亿年的时间里,每年都有大量的外太空天体撞击地球。

那些撞向地球的外天体,进一步加剧了地球的爆裂与熔炼,从而让地球的表面成了爆炸频发的火海。到处是冲天的火光,遍地是横流的熔岩,星体表面温度高达约1200℃。

那时月球还没有诞生,地球非常孤独。它就像一位无比勇猛的战士,将生死置之度外,只顾每天与那些不断飞来的外天体进行抗争。

地球的形状一开始也不是圆的。而且地球上面还没有氧气,只有二氧化碳和一些水蒸气。它的自转角度也极不稳定,每天都摇摇晃晃、动荡不安。现在地球能够变得如此美丽,是经历了后来几次重大演化的结果。

在地球诞生的同时,太阳系还有另外7个细微颗粒,在它们的运行区域中勤奋地"劳作"。它们最终都和地球一样,成了一颗颗巨大的星球,从而共同组建成为太阳系中的八大行星。

地球是太阳系中第三靠近太阳的行星,并有一颗卫星,即月球。

地球与太阳的平均距离大约1.5亿千米,正是这个极巧的距离,才使地球接收太阳的光所产生的平均温度大约为15℃。这样的温度,是最适合生命孕育的,所以地球才创造了如此繁荣的生命体系。

① 地球的诞生
很神奇

地球的平均直径约为 12756 千米，表面积约有 5.1 亿平方千米。它以约 30 千米/秒的速度围绕着太阳公转，同时也不停地自转。公转一周，大约需要 365.25 天，这就是我们一年的时间；自转一周，大约需要 23 小时 56 分 4 秒，这就是我们一天的时间。

三个孩子听到这儿，都非常吃惊：原来地球是这样诞生的！早期的地球，竟是这个样子！

地球

人物冒泡

云飞扬想：如果回到从前，每天都有无数颗外天体撞击地球，那是一件多么可怕的事情啊！

他的脑海里浮现出这样一番景象：他每天走在上学的路上，还要时时刻刻地观察天空，看有没有外天体飞来；他走路也得走"S"形，随时要准备躲避那些突然飞来的"天灾"；久而久之，他走路竟然变得如同蛇行，而且速度极快，像是能够瞬间转移一样。

月球的诞生
很美妙

怪博士继续讲课。

月球又是怎么诞生的呢？它的诞生过程超级美妙！

大约在地球诞生3000万年后，突然有一颗外星球，以每小时约4000千米的速度，猛烈地撞向地球。

人们给那颗撞向地球的外星球取了一个很美丽的名字，叫"忒伊亚"。它是一颗非常年轻的星球，体积大约与火星一样大。它充满活力，绚丽奔放。它就像是遇见了久别的亲人，以无比的热情，投向地球的怀抱。

那次撞击所产生的威力，相当于6万亿颗原子弹同时爆炸的能量总和。

幸好忒伊亚星球是斜着撞向地球的，没有把整个地球撞碎。但它把大约70%的地球表层物质撞飞，把本就火山遍地的地球撞得愈加熔岩横流，如同一片红色海洋。

那颗忒伊亚星球自己同样被撞得面目全非：外部组织都成了碎片，和地球外壳碎片一道，飞入了宇宙空间。

②月球的诞生很美妙

而它的主体结构撞进了地球内部，经过地球的熔融，与地球成为一体。

虽然这次撞击使地球失去了大部分外壳，但地球也在撞击中"受益匪浅"。因为忒伊亚星球的铁元素都沉到了地球的核心，使地球的铁元素增加了近一倍。

那些铁元素在地核内，不断地进行转化，从而产生了一种无比巨大的能量。后来地球上发生板块运动，就是那些能量在起作用。地球正是因为有了那些能量，才创造出如此多样的地理环境，演化出如此庞大的生命体系。

这一能量在目前已知的宇宙星体中，只有地球拥有。所以我们也没有发现，还有哪颗星球的繁荣程度可以与地球相媲美。

另外，那些被撞飞的地球外壳碎片和忒伊亚星球碎片，在太空中混合到一起，形成了一道无比壮观的尘埃环。在地球引力的作用下，这道尘埃环围绕着地球飞速地旋转。

突然有一天，又一个奇迹发生了。在这道尘埃环中，也有一块碎片像地球诞生时那样，不断地将周围的碎片吸附到自己身上，使自身的体积迅速地壮大。

经过了2000多万年的时间，在约45.5亿年前，那块碎片竟然将自身运行轨道上的所有物质，都吸附凝聚到了自己身上，它也从此成长为一颗全新的星球，即美丽动人的月球！

月球的诞生，多么具有传奇色彩呀！

　　由中国月球探测工程首席科学家欧阳自远院士所带领的科研团队研制的嫦娥五号月球探测器,于2020年11月24日成功发射升空。嫦娥五号不仅获取了全方位的月球图片,还实现了绕月飞行、着陆月球和返回地球等一系列科学工程。从嫦娥五号带回的月球土壤样本中,欧阳自远院士测出了与地球比率相同的同位素。这也为"地月相撞"理论找到了可靠依据。

　　所以说,地球的一部分,可能来自月球的前身忒伊亚星球。而月球的一部分,可能来自地球。地球与月球之间,可能存在着分割不断的"血肉至亲"关系。

　　中国人常把月球比作"嫦娥",所以我们也可以将月球称为地球的"女儿"。

　　地球有了这位"女儿"后,便不再孤单了,因为这位"女儿"一直陪伴在自己的身边。

　　月球在诞生初期,距离地球非常近,地月距离大约只有2.2万千米,要比现在近得多。

　　在当时月球的引力作用下,地球的自转速度变得特别快,自转一周大约只需要6个小时,所以那时地球上的一天非常短。

　　好在月球形成后,便通过引力将地球自转轴的倾斜度牢牢地锁定在了23.5°这个角度上。从此,地球的运行变得非常稳定,再也不会摇摇晃晃了。地球还因此出现了一种非常奇妙的现象:竟然有了一年四季的更替变化。

② 月球的诞生
很美妙

不过月球一直在以每年大约 3.8 厘米的速度,逐渐地远离地球。它们之间的距离在不断地拉开。

也正是因为月球渐渐远去,地月间的引力作用减弱,地球的自转速度才缓缓地慢了下来。现在月球距离地球大约已有 38.44 万千米,地球的自转速度,也从以前的一天 6 个小时,变成了现在这样长的时间(约 23 小时 56 分 4 秒)。

现在的时间长度,正好适合我们生活作息。

随着月球的继续远离,我们每天的时间还在拉长。或许几亿年后,地球每天的时间,会超过 30 个小时。

月球的直径约为 3476 千米,公转和自转一周,大约都是 27.3 个地球日。因此,即便是在晴朗的夜晚,我们每月也有几天是看不到它的身影的。

月球表面的平均温度约为 23℃,比地球表面的平均温度还要高一些。

月球上面没有水,但有冰存在。它由于质量较小,没能产生大气。所以在月球上说话,是听不见声音的。

月球的结构与地球相似,由月壳、月幔和月核三部分组成。

月球除了锁定了地球自转轴的倾斜度外,还对地球有哪些影响呢? 影响主要还体现在三个方面:

一是对地球潮汐的影响。我们每天看到大海潮起潮落,那就是月球的引力在起作用。它对推动海水流动,促进海洋生物生长,

都有很大的帮助。

二是对地球大气的影响。在月球的引力作用下，地球大气的最外层会产生一些"大气潮"，从而加速地球大气的流动。

三是对其他生物的影响。地球上有很多夜行动物，它们都需要借助月光在夜间繁衍生息。地球上的很多植物也需要借助月光在夜间生长。

月球也有很神秘的一面：我们只能看到它的半边；而它的另一边，总是羞答答地不肯见人。

这是什么原因呢？

其实这与地球有着密切的关系。由于月球距离地球还是太近，所以它被地球的引力紧紧地"锁定"了，根本无法转过身来。

原来地球也是一位"霸道总裁"，竟然牢牢地"管控"着月球。

月球在中国古人的心中，有着非常重要的地位。中国古人为它取了很多好听的名字，比如玄兔、婵娟、玉盘等；还为它写出了许多美丽动人的故事和优雅高洁的诗词。中国古人似乎无论对它怎么描述，也表达不尽对它的爱。

月球还是一位坚贞的卫士。这么多年来，它一直舍生忘死地保护着地球，用自己的身体阻挡了无数颗冲向地球的外天体。虽然已伤痕累累，但它从未退缩。现在地球能如此平安祥和，真要好好感谢月球！

②月球的诞生
很美妙

云飞扬听到这里,突然站起来对着银幕上的月球图片深深地鞠了一躬。

他的这个举动,把在场的人都搞蒙了。反应过来后,大家都哈哈大笑起来。

随后,他又问道:"唐爷爷,有多少人登上过月球哇?"

怪博士回答道:"从1969年美国的'阿波罗计划'开始,到2020年为止,先后已有12人登上了月球。月球也是迄今为止,人类唯一踏上的外太空星球呢!"

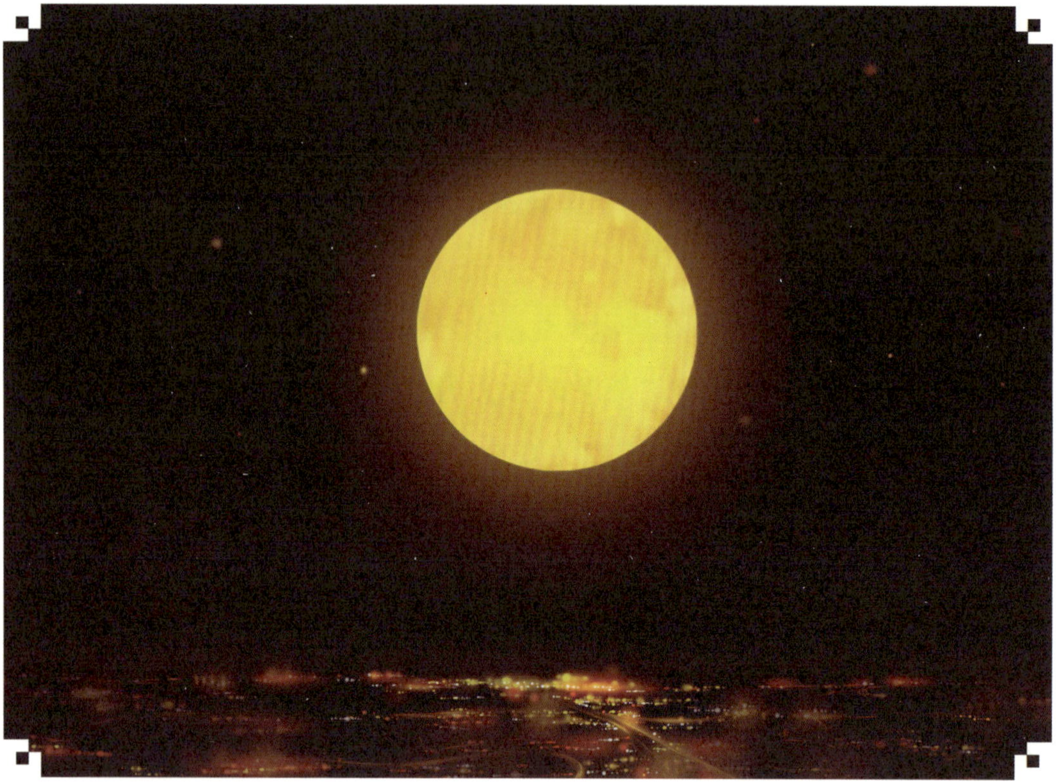

月球

人物冒泡

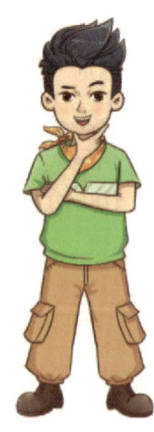

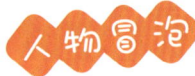

云飞扬想：自己长大后，能不能也成为登上月球的人呢？

他的脑海里浮现出这样一番景象：他开着一艘宇宙飞船登上了月球，并在月球上建造了一座大房子作为太空旅馆，每天都有很多探月者前来，住进他的太空旅馆。

③ 大演化第一阶段：进入"火球时代"

3

大演化第一阶段：进入"火球时代"

我们的地球自诞生以来，到变成今天的样子，经历了哪些重要的演化过程呢？根据科学家的研究推断，地球大约经历了5个阶段脱胎换骨、涅槃重生般的大演化过程。

地球第一阶段的大演化过程，大约发生在46亿至40亿年前，时间跨度长达约6亿年。

那个时候的地球，经历了从无到有、从小到大、从冷到热的诞生过程。

在这一过程中，地球通过最早期的冰晶凝结方式，将身边的物质都吸附到自己的身上。在体积大到一定程度后，它内部的高温物质便开始发生爆裂与熔炼。随着地球体积的不断壮大，那样的爆裂与熔炼变得愈加剧烈。后又遭到忒伊亚星球的撞击，地球因此几乎成了一颗大火球，表面火光冲天，熔岩如海。地球从此由最早的冰晶凝结时期，开始进入"火球时代"。

在这个阶段，地球得到了一次很好的大改造，完成了三个方面的大变化。

一是让自身成长为一颗体积和质量足够大、引力足够强的星球。它以自身的能量,清空了运行轨道上的所有其他天体,并将它们彻底地与自己融为一体。

二是将自身的重元素都下沉到核心部位,从而形成了地球的三层结构,分别是:平均厚度约17千米的地壳,平均厚度约2865千米的地幔,以及半径约3470千米的地核。

三是通过快速的自转,将自己尚处于软体状态下的形体,成功地转成了一个球形,从而达到了一颗行星的标准——专业术语叫作"静态流体平衡"。这一变化,也为它后来成为太阳系中的八大行星之一奠定了基础。

三个孩子听到这儿,都对地球这个阶段的大演化有了很深刻的了解。原来,地球经历了一个如此壮丽的"火球时代";竟然是通过"转圈"的方式,将自己变成球形的;竟然有那么厚的地壳和地幔,以及硕大无比的地核!

火球时代

人物冒泡

云飞扬想：如果人快速地转动，会不会也变成球形呢？

他的脑海里浮现出这样一番景象：

他和很多同学在操场上快速转动，结果都变成了球形。大家走路再也不需要用两只脚了，可以滚过来、滚过去。这种"行走"的方式比用脚走路快好多倍，大家能在1分钟内"走"出上千米远。

只是用这种方式滚来滚去，滚久了会晕头转向，辨不出东南西北。有很多同学都滚到水沟里去了，结果啃了一嘴淤泥，被熏得叫苦连天。

4

大演化第二阶段：进入"水球时代"

地球第二阶段的大演化过程，大约发生在 40 亿至 26 亿年前，时间跨度长达约 14 亿年。

在"火球时代"，由于每年都有无数的外天体撞击地球，那时的地球，不仅到处火光冲天、熔岩横流，而且还震荡不安，仿佛快要毁灭一般。

事情往往都是这样：每当最危险的时刻，便会出现新的转机。

那些外天体在撞击地球时，还带来了一些重要的物质——大量的冰和雪。这些冰和雪，与地球上原有的大量水分子一道，都被火球时代地球上的热量蒸发到天空，形成大雨，落回地面。

紧接着，这些雨水再次被炽热的地表蒸发到天空，并又一次形成大雨，浇回地面。这种火与水的较量循环上演，持续了数百万年。

后来，雨水愈战愈勇，愈下愈大，最终战胜了火，将如火海一般的地球表面彻底浇灭了。从此，地表开始慢慢地冷却了下来。

虽然地表没有了火光，但大雨不仅没有停止，甚至还更加疯

④ 大演化第二阶段：
进入"水球时代"

狂，越下越大了。倾盆大雨没日没夜地下，昏天黑地地下，毫无止境地下，结果导致大水泛滥，最后竟然将整个地球深深地淹没在大水当中。

从前那个火光冲天、"脾气暴虐"的地球，似乎被大水彻底征服了，没有了一点脾气，任由大水浸泡了起来。地球从此由"火球时代"，开始进入"水球时代"。

如果地球也有意识，肯定会为此感到委屈。

也由于那时候月球离得太近，在月球的引力作用下，地球上每天都刮起超级飓风。那些飓风所到之处，会卷起几百米甚至上千米高的滔天大浪。那场面，真是惊心动魄，令人毛骨悚然！

不过在这个阶段，水的出现让地球又得到了一次非常好的大改造，从而完成了两个方面的大变化。

一是让沸腾的地表从此冷却了下来，并形成了一层厚厚的地壳。有了这层地壳的保护，地核中的那些熔岩流，就无法恣意地冲到地面，从此地表安定多了。

二是雨水淹没了地球，形成了海洋，这给生命的孕育创造了条件。有了这个好条件，地球似乎一刻也没有耽搁，一项伟大的生命工程，悄然地拉开了序幕。

大约在40亿年前，一种极其简单的单细胞类生命体，突然奇迹般地诞生了！

它是一种古生菌。它可能是地球上所有生物的始祖，当然，

也包括我们人类。

古生菌诞生后,地球生物浩浩荡荡的进化史便正式开启了。

由此可见,水是多么重要。如果没有水,地球生命无从谈起。所以说,水是一切生命的源泉。

说到水,让我们来探讨一下这种神奇而有趣的物质吧!

其实,水不仅能孕育和滋养各种生命,还能像孙悟空一样上天入地,产生各种奇妙的变化:

它本身是由氢和氧构成的无机物液态体,无色、无味、无毒,但有时会甘甜。

如果把它加热到100℃,它会变成气体,婀娜多姿地升上天空,形成曼妙的云彩,或者忽然消失得无影无踪。

如果把它冷却到零摄氏度以下,它会变成坚硬的固体。这种固体厚到一定程度,甚至能承载汽车在上面跑动。

如果把它倒在地上,它会立即遁入土中。

如果给它加入"配料",它会变成各种颜色,散发出各种气味。

它还有细嫩的皮肤——如果将一滴水放在树叶上,它会在树叶上滚动;如果是在水塘里面,它的皮肤能够撑起一只小虫子在上面爬行;它的皮肤可以独立存在,也可以随时与其他的水融合到一起。

它看似柔弱无力,却能穿金断石。

它平静时温顺安泰,一副与世无争的样子;但暴虐起来,也能卷起滔天大浪,顷刻之间摧毁一座城市。

④ 大演化第二阶段：进入"水球时代"

世界上的所有生物，包括我们人类，都可以说几乎是水做的，因为生物体内都含有大量的水。我们人类的身体大部分是水，如成年人的身体有大约 70% 是水。我们可以 3 天不进食，但不可以 3 天不饮水。

现在地球上有多少水呢？大约有 13.86 亿立方千米。虽然有这么多的水，但它们绝大部分都是很咸的海水，淡水仅占约 3%，而人类可利用的淡水，不到淡水总量的 1%。所以淡水资源还是非常稀缺的。地球上还有很多地方淡水资源十分匮乏，因此我们一定要注意节约用水，好好地保护淡水资源。

我们今天所饮用的水，可能都是 40 亿年前产生的。能够饮用这么古老的水，这也是一件非常神奇的事情吧！

另外，在"水球时代"，地球磁场大约于 34.5 亿年前形成了。从此，地球上的生物有了一道无形的保护层。

再后来，大约在 26 亿年前，地球上还发生了一次大冰期。那是地球历史上的第一次大冰期，史称"新太古代大冰期"。由于当时地球上的生物都还处于原始状态，所以这次大冰期并没有产生太大的影响。

听到这儿，三个孩子都感到非常震惊：原来所有生物的始祖，竟然可能是同一种古生菌，而且它那么早就诞生了。

云飞扬对水的知识也产生了浓厚的兴趣，见怪博士停顿下来，

于是问道:"唐爷爷,为什么海水是咸的呢?"

怪博士答道:"其实所有的水,都含有一定的盐分,只是含量有所不同而已。早期的海水也没有那么咸,是在后来的几十亿年中,地球上的江河不断地把自身水道中的盐分带到了海里,再加上海底的火山喷发和岩石溶解也在不断地产生盐分,久而久之,海水才变得这么咸。随着时间的推移,以后的海水还会变得更咸。"

"还有一些地方的湖水也是咸的。那些湖里的水通常长年流动不畅,还经常因气候而干涸,湖里的盐分长期囤积,湖水才因此变咸。"怪博士补充道。

人物冒泡

云飞扬下意识地摸了一下自己,心想:没想到自己竟然是由古生菌进化而来的。

他的脑海里浮现出这样一番景象:

他正在用显微镜观察一个细菌,忽然见它翻了个跟头,变成一个人站在他面前。他吓得一声尖叫,跳起几米高,结果撞到房顶上,还把房顶撞出一个大窟窿,阳光从那个窟窿里照了进来。

大演化第三阶段：进入"地理环境多样化时代"

地球第三阶段的大演化过程，大约发生在 25 亿至 9 亿年前，时间跨度长达约 16 亿年。

地球在被大水淹没了大约十几亿年后，也就是大约 21 亿年前，终于觉醒了。它似乎已经躁动不安，忍无可忍，不断地从水下冒出一股股炽热的气体。

突然有一天，地核中的那股巨大能量，以一种势不可当的姿态冲破地壳，向外喷涌，从而推动了一次超大规模的板块运动。

或许在此之前，地球上就已发生过多次板块运动，但规模都相当较小。这次板块运动十分剧烈，有大量火山口从水中冒出，火山熔岩越堆越高，慢慢地在海洋中形成了一座座岛屿。这些火山岛屿相连，逐渐构建起陆地。

在此之前，地球刚刚经历了一次大氧化事件。或许这次板块运动进一步促使地球生物有了一次绚丽的大变化。那些延续了 10 多亿年的单细胞生命，神奇地进化出了多细胞生命。

这种奇迹的出现，让地球生命的进化进程向前迈出了一大步，

⑤ 大演化第三阶段：进入"地理环境多样化时代"

开始从简单的生命体，向更复杂、更有活力的生命体演进。

地球板块运动进行了几亿年后，终于在大约18亿年前，创造了地球上最早的一块辽阔大陆——哥伦比亚超大陆。

那个时期的大陆还没有泥土，更没有植物和动物。裸露在地表上的，全是坚硬的火山岩石。

哥伦比亚超大陆形成2亿多年后，地球又开始了第二次大规模板块运动。这一次，巨大的地核能量冲破了哥伦比亚超大陆，将它分割成若干个小板块，在海洋上漂移。

那些漂移的大陆板块，在海洋上兜了一圈风后，于大约11.5亿年前重新合拢，组成了一块新的超级大陆——罗迪尼亚大陆。

这个时候，海洋中已经出现了大量的藻类。

而且海洋中的一种蓝细菌，大约在35亿年前，就开始做一件很神奇的事情：它们不断地利用阳光进行光合作用，即把二氧化碳和水转化成营养物质。在这一过程中，非常奇妙地产生了一种很特殊的气体——氧气。

经历了漫长的辛勤劳作，众多蓝细菌竟然在海洋中制造出了大量的氧气。多余的氧气飘出海洋，升到天空，开始一点点地改变地球环境，让地球环境得到不断的优化。

当地球环境优化到一定程度后，又一件大事发生了。大约在6.5亿年前，多细胞生命再次有了重大突破：竟然进化出了地球上最早的多细胞动物，一种如海绵体般的生命体，它们可以开始微

弱地运动了。

从此,地球上的生命有了全新的变化。

那个时候的月球,距地球已有十几万千米远。地球的自转速度因此慢了许多,一天大约有18个小时。

而且那时的地球,气候也变得温和湿润,非常适合生命繁衍。

在这一阶段,地球再次得到了很好的大改造,并完成了两个方面的大变化:

一是通过板块运动,开始拥有广阔的陆地,先后出现了哥伦比亚超大陆和罗迪尼亚大陆;同时,构造了众多的高山、盆地、岛屿与海洋浅滩。地球从此由"水球时代",开始进入"地理环境多样化时代"。

二是蓝细菌长时间的造氧运动,终于让海洋内和陆地上,都有了丰富的氧气。正是有了那些氧气,才使多细胞生命进化出了最早的可运动的生物,从而使地球生命的演化进程再次向前迈出了一大步。

三个孩子听到这儿,终于知道了:原来地球上的大陆是以这样轰轰烈烈的方式形成的;地球上最早的生命体,居然经历了这样一次神秘莫测的进化过程;而我们赖以生存的氧气,竟然是通过蓝细菌的"劳作"制造出来的!

地理环境多样化时代

人物冒泡

夏语想：地球上最早的哥伦比亚超大陆是什么样子呢？

她的脑海中浮现出这样一番景象：

她来到了那个古老的哥伦比亚超大陆，大陆上全是一块块灰黑色大岩石，既没有泥土，也没有树木、花草，只有肆虐的狂风在呼呼地吹。她一不小心，竟被那儿的狂风吹得飞了起来，吓得在空中大哭大叫。

正当感到绝望的时候，她突然发现，自己不知何时已经安全降落在了一座山的山顶上。那山顶上有一口水池，她对着水池一看，发现自己的脸也被吓成了灰黑色，居然和那儿的石头成了一个颜色！

大演化第四阶段：进入"海洋生物大发展时代"

地球第四阶段的大演化过程，大约发生在8.5亿至3.6亿年前，时间跨度长达约5亿多年。

那时，之前形成的罗迪尼亚大陆，又于大约7.5亿年前被地核能量冲破，形成了很多小板块，向四处漂移。

这次地球板块运动进行得异常剧烈，无数股强大的热能流从不同的地方冲出地壳，导致大面积火山爆发，地球表面震动不安，沸腾的熔岩四处流淌。

由于火山口众多，大量的二氧化碳排放到空中，将蓝细菌几十亿年辛苦创造的良好大气环境几乎破坏殆尽。二氧化碳与大气中的水分子结合后，还形成了大量的酸雨落到地面。那些酸雨被地表的岩石吸收，混合在酸雨中的二氧化碳也同时被吸收，从而导致空气中的二氧化碳严重流失。

天空中没有足够的二氧化碳，就无法保留太阳送来的热量。由于长时间处于这种状态，地球的温度开始不断地下降，结果降到了-50℃左右。

6 大演化第四阶段：进入"海洋生物大发展时代"

地球从此进入第二次大冰期。这是地球上有史以来最寒冷的一次大冰期，这个时代也因此被称为"雪球时代"。

这个无比寒冷的"雪球时代"，前后持续了约 1.7 亿年。

那个时候的地球，几乎成了一颗冰球。无论是海洋还是陆地，都被厚厚的冰层所覆盖。

寒冷不断地加剧，致使南极和北极的冰层，都被一种无比强大的力量挤压着推进，最后在赤道附近会合。于是，那里便形成了一道无比壮丽的景观——一堵高达 3000 多米、如群山峻岭般辽阔的冰墙。

那堵又高、又厚、又宽广的冰墙，宛若一堵不可逾越的"天墙"，硬生生地将那个被冰雪覆盖的世界分成了两半。

由于白色的冰雪会将阳光反射回去，很难积蓄热量，所以那些冰层很难融化。那堵冰墙，最终竟然保持了大约 1500 万年。

后来，气候终于有了改变，大气开始蓄热，冰层渐渐消融。

或许是地球经历了如此长时间的冰雪封冻，使大气得到了彻底净化，有毒气体都被清除干净了，所以在这次气候的回暖过程中，地球发生了一系列的奇妙变化：水质变得更加洁净，空气变得更加清爽，氧气含量飙升，臭氧层形成，从而再度促成了一件大事的发生。

大约在 5.4 亿年前的寒武纪早期，海洋中忽然出现了生物大爆发现象，各种各样的生物都在那一期间，如魔幻般地在海洋中

涌现了出来。

根据古生物学家的考古研究,那时海洋里的生物种类,达到了一万多种。地球从此由"地理环境多样化时代",经历了"雪球时代",开始进入"海洋生物大发展时代"。

那时的地球陆地上,也发生了很大的变化。以前裸露在地表的岩石,经过十几亿年的热胀冷缩和风吹雨打,尤其是早期的酸雨侵蚀,已产生了一些泥土。

大约4.7亿年前,海洋中一些苔藓植物开始登陆上岸,在这些岩石表面和泥土中生长。大约4.3亿年前,一些维管植物也开始登陆上岸,将植物登陆推向高潮。此后几千万年,早期陆生植物开始分化并占领广阔的陆地,初步构建起了陆地生态系统。

这个生态圈的构成,再次为地球生物创造了一次大演化的良机。自然界的生物,都非常地珍惜每次良机。大约在3.75亿年前,一些鱼类以鳍当脚,开始离开水域,登陆上岸,成为最早的两栖动物。

在那个阶段,地球再次得到良好的大改造,并完成了三个方面的大变化:

一是通过"雪球时代",将地球上的大气、水和土地等,都进行了优化,清除了有害物质,使其变得更加优良。

二是在"雪球时代"的回暖过程中,地球大气中的含氧量出现了飙升,这为生物进一步演化,创造了非常良好的条件,从而促

6 大演化第四阶段：进入"海洋生物大发展时代"

成了寒武纪生物大爆发事件。

三是地球大气中，还形成了一道厚厚的臭氧层，这为海洋生物走向陆地，提供了安全保障。

不过在这一时期末，还发生了一次大冰期，即大约在4.4亿年前的第三次大冰期，被称为"早古生代大冰期"。那次冰期虽然也有很多的陆地和海洋被封冻了，但没有形成覆盖全球的大冰层。

三个孩子听到这儿，都非常吃惊：原来在那个阶段，地球上竟然发生了那么多的大事。先是板块运动导致地球上大面积的火山爆发，后又发生了那样严重的大冰期，整个地球都被冰雪所覆盖。而且一切都得到了更好的反转，还突然出现了寒武纪大爆发现象。

他们终于知道了，原来陆地上的泥土竟然可能是那样产生的。陆地上的动物，也可能是在那个时候从水域登陆上岸的。

夏语也想到了一个问题，见怪博士停顿下来，于是问道："唐爷爷，地球的大气中，含有哪些成分呢？"

怪博士答道："大约含有78%的氮，21%的氧，以及1%的其他成分。另外，地球大气还分为5层。

"第一层是对流层。对流层的对流运动十分显著，我们所需要的氧气和水分，几乎都聚集在这一层。厚度在赤道地区17~18千米，中纬度约12千米，两极约8千米；夏季厚而冬季薄。我们平

时所看到的风、雨、雷、电、霜、露、雾、云等,都是在这层大气中产生的。

"第二层是平流层。在平流层的大气中,有很多的臭氧。大气中的臭氧层,几乎都堆叠在平流层中。平流层指对流层顶以上到离地面约50千米的大气层,平均厚度约为40千米。平流层的气体流动十分平稳,空气盛行水平运动,所以很多飞机都选择在这一层飞行。

"第三层是中间层。指平流层顶上到离地面约85千米的大气层。如果在地球的高纬度地区看到有夜光云现象,那就是在这一层中产生的。

"第四层是电离层。离地面的高度约从60千米开始伸展至1000千米以上(电离密度较高的几层分布于离地面60~500千米之间)。在这层大气中,在太阳光(主要是紫外线)照射下,高空气体分子电离为正离子和自由电子,能够让无线电波产生各种反射,并改变传播速度。

"第五层是逃逸层,又称外逸层、散逸层。这一层的空气已非常稀薄,还有很多外层的大气向星际空间飘散。距离地面500千米以上。"

海洋生物大发展时代

人物冒泡

云飞扬想：原来大气中还分这么多层啊！如果每层都去体验一下，会产生什么样的感受呢？

他的脑海里浮现出这样一番景象：

他们三个孩子坐着热气球升向天空。当升到对流层时，他们都被那儿的雷电震得头昏脑涨。当升到平流层时，他们又被那儿的臭氧熏得喘不过气来。当升到中间层时，他们也被那儿绚丽的云彩眩得睁不开眼睛。当升到电离层时，他们好像感觉到有许多的电波在身边飞动。当升到逃逸层时，他们似乎被一种神奇的力量，拽着飞向太空。他们都被吓得狂叫起来，扯着嗓子喊救命，可是地球上没有人能听见他们的喊声，急得他们直瞪眼。

⑦ 大演化第五阶段：进入"陆地生物大发展时代"

地球第五阶段的大演化过程，大约从 3.5 亿年前到今日。

之前分裂出去的罗迪尼亚大陆的若干个小板块，在海上漂了一圈后，似乎又有了"思乡之情"，于大约 3 亿年前重新回归合拢，再次形成了一个新的超级大陆——盘古大陆。

这次地球板块运动，同样进行得异常剧烈，从而引起了更为广泛的火山爆发。

那时的地球上空，都是遮天蔽日的滚滚浓烟，有毒气体充斥天空，臭氧层再度遭到严重的破坏。太空中的伽马射线直接照射地球，导致地球上的生物，遭受了有史以来最严重的一次劫难。这次劫难险些让地球上的生物全部灭绝。

幸好还有一小部分幸存了下来，否则今天的世界，就会是一片荒凉，没有任何生机。

但是，那刚刚合拢的盘古大陆，在大约 2 亿年前再次躁动起来。地核中巨大的能量，又开始不断地冲击地壳，使地球在很长一段时间内，都处于地动山摇的状态。

大约在 1.8 亿年前,有一股无比强劲的地核能量,以天崩地裂之势,将庞大的盘古大陆从中切开。盘古大陆被切成了两半,南边的那块大陆,被称为"冈瓦那大陆";北边的那块大陆,被称为"劳亚大陆"。

大约在 1.4 亿年前,这两块大陆再次被地核能量分割成几块,然后分别向海上漂移。

大约在 5500 万年前,这一轮地球板块运动又活跃起来。北美洲和格陵兰岛,开始从欧洲板块中撕裂断开,并形成各自独立的板块,向西漂移。

古印度板块也从遥远的海域,徐徐地漂向欧亚大陆,然后猛烈地撞击欧亚大陆,最后与欧亚大陆紧紧地连在了一起。这次撞击还在中国境内挤压出了一块无比壮阔的青藏高原,并在中国的边疆创造了一条世界上最雄伟高大的、全长大约 2450 千米的喜马拉雅山。

这次前后长达 1 亿多年的地球板块运动,大约分成三个阶段进行,最终将地球塑造成现在的样子。从此地球不仅有了众多的大陆,还有了无数的岛屿。

在这个阶段中,地球又得到了一次很好的大改造,并完成了两个方面的大变化:

一是这次地球板块运动,增加了更多的陆地和岛屿,海岸线得到了延长。这给那些需要在浅滩处生长的海洋动物,提供了更

⑦ 大演化第五阶段：进入"陆地生物大发展时代"

多的生存空间，从而进一步促进了海洋生物大发展。

二是陆地面积增加，区域分布变广，为陆地生物多样化发展，创造了良好的天然条件。所以在这一期间，陆地生物出现了前所未有的大发展趋势，先后衍生出了几百万种新物种，其中就包括恐龙和我们人类。

从此，地球由"海洋生物大发展时代"，开始进入"陆地生物大发展时代"。

可能在不久的将来，地球上还会再增加一个新大洲，即第八大洲。这个新大洲的名字，可能会叫"新西兰大洲"。那儿已有很多的陆地正在慢慢浮出水面。现在已浮出水面的，有新西兰南岛、北岛和法国新喀里多尼亚等陆地。

不过在这一阶段，地球上又发生了一次大冰期，即大约3亿年前的第四次大冰期，被称为"晚古生代大冰期"。这次冰期的持续时间，大约也有8000万年。

三个孩子听到这儿，终于知道了我们今天的大陆板块是怎样形成的。原来地球到达这一阶段，才是陆地生物最好的发展时代。而且我们的地球，竟然反反复复经历了那么多次的板块运动。

见怪博士停顿下来，章树叶也问道："唐爷爷，现在漂移出来的那些大陆板块，还会不会重新合拢，创造出一个新的超级大陆呢？"

怪博士答道:"根据地质学家的研究推算,地球板块运动,似乎有一种很明显的规律,大约每隔几亿年,就会出现一次从分离到合拢的过程。现在分离出去的盘古大陆板块,预计会在大约2.5亿年后重新合拢。到那时,地球又将在经历一次剧烈的震荡后,形成一块完整的超级大陆。

"最早提出超级大陆和大陆漂移概念的,是德国的气象和地理学家魏格纳。他根据大西洋两岸,尤其是非洲和南美洲的海岸轮廓,以及地壳的岩质情况,做出了这样的推论。"

说完,怪博士拿起一小块鱿鱼丝放进嘴里,刚吃了两口,便猛地眨眼睛,接着张大嘴巴呵呵地换气,然后笑道:"好辣呀!"

他那夸张的表情,引得三个孩子大笑起来。

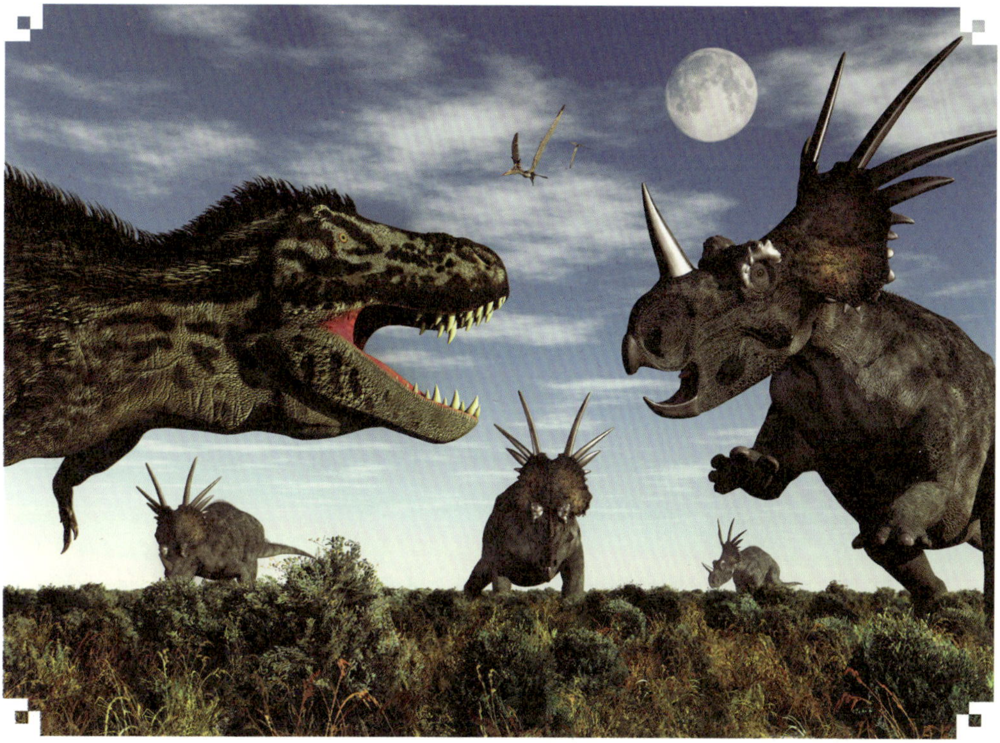

陆地生物大发展时代

章树叶想：如果地球上所有的陆地又连在了一起，那会出现什么状况呢？

他觉得可能会出现这样的状况：以前需要坐船去的地方，以后都可以开车去了；原先的许多岛国，以后都变成了大陆国家；还有很多国家的长河，以后都会连在一起，说不定那时只要划一叶小舟，就能沿着一条长河周游世界。

8
今天的地球是什么样子

怪博士吃了鱿鱼丝，又喝了一点水，继续开讲。

我们今天的地球是什么样子呢？

经过最近一轮的地球板块运动，盘古大陆已分成若干个板块，形成了现在的 7 个大洲和 4 个大洋。

今天的地球，陆地面积大约占地表的 29%，海洋面积大约占地表的 71%。

分别是哪 7 个大洲呢？即亚洲、欧洲、非洲、北美洲、南美洲、南极洲和大洋洲。

分别是哪 4 个大洋呢？即太平洋、大西洋、印度洋和北冰洋。

截至 2020 年，地球上的相关数据如下：

包含那些仍存有主权争议的地区在内，地球上大约有 230 个国家和地区；80 亿人口(2022 年)，2000 多个民族和 5600 多种语言。

国土面积最大的 10 个国家分别是：俄罗斯，1709.82 万平方千米；加拿大，998.47 万平方千米；中国，约 960 万平方千米；美国，约 937 万平方千米；巴西，851.49 万平方千米；澳大利亚，

769.2 万平方千米；印度，约 298 万平方千米；阿根廷，278.04 万平方千米；哈萨克斯坦，272.49 万平方千米；阿尔及利亚，238 万平方千米。

人口最多的 10 个国家分别是：印度、中国、美国、印度尼西亚、巴西、巴基斯坦、尼日利亚、孟加拉国、俄罗斯、墨西哥。

2022 年国内生产总值最高的 10 个国家分别是：美国、中国、日本、德国、印度、英国、法国、俄罗斯、加拿大和意大利。

矿产资源储量最多的 10 个国家分别是：俄罗斯、美国、沙特阿拉伯、加拿大、伊朗、中国、巴西、澳大利亚、委内瑞拉和伊拉克。

三个孩子听到这儿，都大开眼界：原来地球上有那么多的国家和地区，以及那么多的人口。他们也都为祖国的不断繁荣富强，而感到无比骄傲。

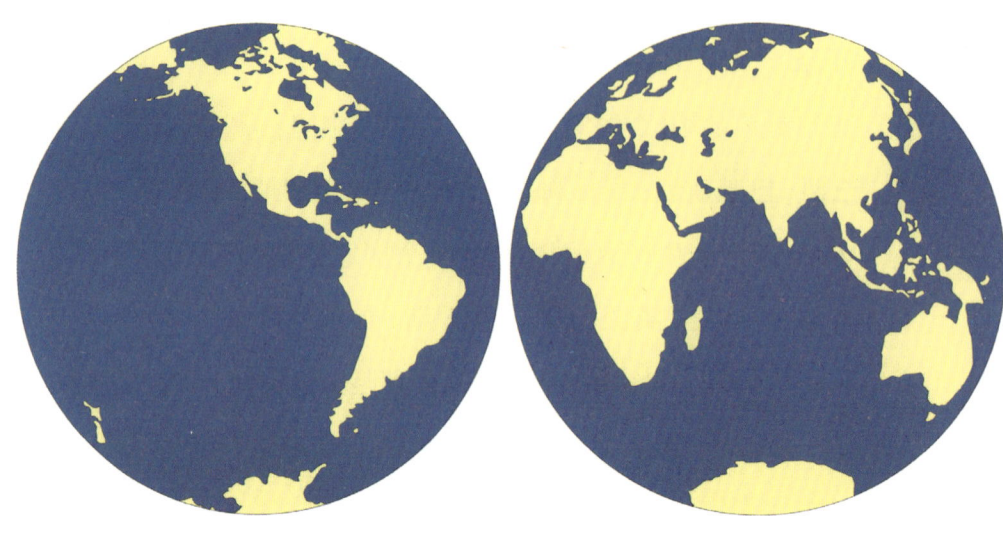

地球七大洲

云飞扬想:地球这么大,他想去看看。

他在心中默默地立下一个大志愿:长大以后要走遍地球上的所有国家。为了实现这个宏大的理想,他决定从此努力学习,奋发图强。

9
亚洲
是什么样子

怪博士继续讲课,开始介绍亚洲。

亚洲全称为"亚细亚洲",意为"太阳升起的地方"。

亚洲位于地球北半球的最东方,地理形状很像一只"复活的恐龙"。它东至白令海峡,南至努沙登加拉群岛,北至北极圈内的北地群岛,西至地中海;横跨热带、温带和寒带 3 个气候区域,总面积大约 4400 万平方千米,是地球上跨纬度最广、东西距离最长、陆地面积最广的大洲,约占地球陆地总面积的 29.5%。

亚洲还是除南极洲以外,地势最高的大洲,平均海拔大约 950 米。全洲以帕米尔高原为中心,向四方延伸出一系列的高大山脉,如昆仑山脉、天山山脉和喜马拉雅山脉等。地球上超过 8000 米的高峰共有 14 座,全部集中在这个大洲。

在那些高大的山脉之间,有着众多的超大高原、盆地和平原。高原有青藏高原、蒙古高原、伊朗高原和阿拉伯高原等。盆地有塔里木盆地、准噶尔盆地和柴达木盆地等。平原有东北平原、华北平原、长江中下游平原、印度河平原、恒河平原、美索不达米亚

平原和西西伯利亚平原等。

亚洲还是世界上发生火山爆发和强烈地震最多的大洲。东部沿海岛屿，以及中亚和西亚都是地震多发地带。

亚洲内陆水网十分发达，拥有非常之多的长河与湖泊，很多地区的雨水都非常丰沛，物产极其丰富。

亚洲还是海岸线最长的大洲，大约有69900千米。绵延曲折的海岸线，不仅盛产各种水产品，还形成了非常之多的天然良港。

亚洲大陆的最中心地点，大致位于中国新疆乌鲁木齐市南郊一个叫包家槽子的村庄境内，那儿距乌鲁木齐市大约只有30千米。

亚洲的自然资源也相当富有，主要有石油、煤、镁、铁、锡、钨和铜等。其中石油、镁、铁、锡等的资源储量，均居世界前列。

亚洲还是人口最多的大洲，大约有44.6亿人口(2017年)，占世界人口的一半以上。世界上超过1亿人口的国家只有14个，亚洲就占6个。

亚洲大约有1000多个民族，也占世界民族总数的一半左右。

亚洲分为东亚、南亚、东南亚、中亚、西亚、北亚6个地区，共有48个国家。我们伟大的祖国，就位于亚洲的东亚地区。

亚洲综合实力较强的国家，有中国、印度、日本和韩国等。

三个孩子听到这儿，都对亚洲有了很深刻的了解。原来亚洲

9 亚洲是什么样子

的地理形状就像一只复活的恐龙,并且是在地球北半球的最东方,还有那么多国家。而且亚洲是地球上最大的大洲,也是人口最多的大洲。他们把亚洲的这些知识,都牢牢地记在了心里。

亚洲地理中心点——中国乌鲁木齐市

人物冒泡

云飞扬想:亚洲最中心的位置,竟然是在中国的乌鲁木齐市市郊!他特别想去那儿看看。

他的脑海里浮现出这样一番景象:他和夏语、章树叶来到了亚洲的地理中心,见到那儿有一座很高的地理标志塔,每天都有世界各国的人们去那儿参观旅游。

47

欧洲
是什么样子

接着,怪博士开始介绍欧洲。

欧洲全称为欧罗巴洲,名字来源于古希腊神话人物腓尼基公主欧罗巴。它位于地球东半球的西北部,西濒大西洋,北临北冰洋,南依地中海,东与亚洲相连,总面积1016万平方千米,是地球上面积第二小的大洲。地理形状很像"熊和马在赛跑"。

欧洲大约有7.4亿人口,是世界人口数量第三的大洲。

欧洲的自然资源也非常丰富,尤其以煤、天然气、铜、铁、钾盐等矿产居多。欧洲还有非常之多的森林、河流与湖泊。其中,美丽的多瑙河横跨了欧洲大约10个国家,是地球上流经国家最多的一条河流。

欧洲地理环境较为优越,海岸线曲折绵长,拥有众多的天然良港,这给欧洲经济发展,创造了非常良好的条件。

欧洲也是很适合人类居住的大洲,属于温带海洋性气候,几乎没有酷热的日子。

欧洲的自然环境保护得较好,很少有地方遭受到严重的环境

⑩ 欧洲是什么样子

破坏或污染。

欧洲还有个很有趣的现象：不仅有国土面积最大的国家——俄罗斯，也有国土面积最小的国家——梵蒂冈。梵蒂冈意为"先知之城"，国土面积 0.44 平方千米，只有一个小村庄那么大。这个意大利境内的"国中之国"，其实是个政教合一的国家，只有几座精美的大教堂等建筑。但那儿是天主教的中心，常住人口只有 800 多人。

欧洲有许多国家的建筑都非常精美，具有世界艺术建筑的极高水准。世界上有相当多的精美建筑，都集中在这个大洲。

欧洲分为西欧、北欧、中欧、东欧、南欧 5 个区域，共有 45 个国家和地区。欧洲综合实力较强的国家，有俄罗斯、英国、德国和法国等。

三个孩子听到这儿，也对欧洲有了很深刻的了解：原来欧洲的名字是来自古希腊的神话人物；它是世界上陆地面积第二小的大洲，却有那么多的国家和地区。

欧洲的法国卢浮宫

人物冒泡

云飞扬想：他最喜欢阅读的那本《巴黎圣母院》，书中的那座精美的建筑就在欧洲，他特别想去看看。

他的脑海里浮现出这样一番景象：

他和夏语、章树叶一道去了法国的巴黎圣母院，还跑到那座钟楼上去敲钟；他们敲了几下后，那口大钟就像中了魔法一样，竟然响个不停，似乎永远都停不下来了。

出现这样的情况，他们都被吓蒙了，以为大钟被他们敲坏了。

忽然，云飞扬看见有个红头发的外国人，躲在那口大钟的后面偷笑。他这才发现，原来是那个人在捣鬼，竟然用手机录下钟声后大声播放录音，让人以为是那口大钟响个不停。

11

非洲
是什么样子

怪博士又开始介绍非洲。

非洲全称为阿非利加洲。它位于地球东半球的西南部,在亚洲以西、欧洲以南,东临印度洋,西濒大西洋,纵跨赤道南北,是地球上最炎热干燥的地区,号称"热带大陆"。非洲人口大约12亿,是地球上人口数量第二的大洲。

非洲面积3022余万平方千米,约占地球陆地总面积的20.4%,仅次于亚洲。地形多为辽阔的高原,海拔500米以上的高原占非洲总面积的60%。它的地理形状很像只"戏水的海豹"。

非洲的自然资源极其丰富,尤其是黄金、金刚石、铜、铁、石油和天然气等储量居多。其中,黄金产量占世界三分之二以上。

非洲虽然干燥少雨,但水资源其实并不少。地球上最长的河流——尼罗河,就流淌在这个大洲上。那儿还有世界上第二大淡水湖——维多利亚湖,它的面积大约有69400平方千米。

只是因为非洲几乎都是高原和平坦地带,那儿的水资源都难以截流、储存和灌溉,而且分布也不均衡,所以很多地区都处于干

⑰ 非洲是什么样子

旱状态。无论是经济发展，还是社会基础建设，非洲都相对落后于其他大洲。绝大多数的非洲人民，还都较为贫困。

但是，非洲也是古文明主要的发源地之一，早在5500多年前，那块土地上就有了城市建筑。约5200年前，成体系的文字也出现了。

非洲分为北非、东非、西非、中非、南非5个区域，有54个国家。综合实力较强的国家，有尼日利亚、埃及和南非等。

非洲对我们人类来说，是个非常重要的地方，因为那儿或许是我们现代人类的发源地。今天其他几大洲的人民，可能都是从那儿迁徙去的。所以我们要认真地了解非洲，不要忘记那个地方。

听到这儿，三个孩子也对非洲有了很深刻的了解。原来非洲的地理形状很像只戏水的海豹。而且非洲的黄金矿产，竟然有那么多。最让他们惊奇的是，那儿还可能是现代人类的发源地，怪不得那儿是古文明主要的发源地之一呢！

见怪博士停顿下来，云飞扬问道："唐爷爷，我们亚洲人是什么时候从非洲迁徙出来的呢？"

怪博士答道："大约是在几万年前。如果你们想知道这些知识，我以后找个时间，专门来给你们讲人类的起源与进化过程，让你们全面地了解人类的发展史。"

非洲的坦桑尼亚乞力马扎罗山与草原

人物冒泡

章树叶想：非洲有那么多金矿，他准备长大后去非洲挖金矿。

他的脑海里浮现出这样一番景象：他开了一家很大的采矿公司，请了很多工人为他开采金矿；他有一间很大的房子，房子里面堆满了黄金；他坐在一把大椅子上，双目放光地看着那些黄金，咧着大嘴，龇着大牙，呵呵地笑个不停。

北美洲是什么样子

怪博士继续介绍北美洲。

北美洲全称为北亚美利加洲。它位于西半球的北部,是15世纪著名的意大利航海家哥伦布发现的一块"新大陆"。

北美洲东临大西洋,西濒太平洋,北依北冰洋,南靠巴拿马运河,地理位置非常优越,纵跨热带、温带、寒带三个区域。北部在北极圈内,常年被冰雪覆盖。南部与加勒比海相接,经常遭受热浪袭击。北美洲的地理形状很像只"飞翔的鸿雁"。

北美洲面积2422.8万平方千米(包括岛屿),约占地球陆地总面积的16.2%,是地球上的第三大洲,人口大约5.5亿。

北美洲自然资源也同样非常丰富,有煤、石油、天然气、铁、金、铜等100多种矿产,还有5个超级大湖。

北美洲的西部沿海,也是太平洋沿岸的火山地带。在那条绵长的地缘带上,潜伏着90多座活火山。其中阿留申群岛大约有28座,阿拉斯加地区大约有20座,中美洲地区有40多座。所以那些地方也经常发生强烈大地震。

著名的巴拿马运河，就位于北美洲与南美洲的交界处。这条运河是人类创造的一项伟大工程，凿通巴拿马地峡而成，连接太平洋和大西洋，全长81.3千米，最宽处大约304米，被誉为"世界桥梁"。

北美洲分为北美、中美，以及加勒比海地区，共有23个国家。综合实力较强的国家，有美国、加拿大等。

三个孩子听到这儿，也对北美洲有了很深刻的了解：原来那儿是航海家哥伦布发现的一块新大陆，那儿有那么多的活火山，地理形状还像只飞翔的鸿雁！

人物冒泡

云飞扬想：哥伦布可以在海上发现一块新大陆，为什么人类不可以在海上建造一块新大陆呢？

他的脑海里浮现出这样一种景象：在很多科学家的帮助下，他和很多人一起，在太平洋上建造了一块新大陆；这块海上人工大陆，成了地球上最和平、最美丽、最现代的地方，世界上很多国家的人民，都愿意迁到那块新大陆上生活。

北美洲的美国纽约市

13

南美洲是什么样子

怪博士继续介绍南美洲。

南美洲全称为南亚美利加洲。它位于地球西半球的南部,东临大西洋,西临太平洋,南靠南极圈,北濒巴拿马运河和加勒比海,总面积大约1797万平方千米(包括岛屿),是地球上的第四大洲。

南美洲四面环海,海岸线绵长,有很多的优良海港。那些海港都是各种船舶最为理想的停靠之地。它的地理形状,很像支"堆满奶油的甜筒"。

南美洲大部分地区属于热带气候,比较炎热。但一年当中,也有很多天是温和湿润的。总人口大约4.45亿,是世界上人口较少的一个大洲。

南美洲的自然资源也十分丰富,其中石油、铁、铝土、铜和银等矿产储量,都居世界前列。森林覆盖面积也非常广阔,竟达到了南美洲总面积的大约50%,大约占世界森林总面积的23%。那儿盛产红木、檀香木、铁树、木棉树、巴西木、香膏木和花梨木等

⑬ 南美洲是什么样子

贵重林木。其草原面积大约有440万平方千米，大约占世界草原总面积的14%。

南美洲也处于环太平洋大陆板块的移动带上，所以也同样是火山和地震的多发地带，现仍有40多座活火山潜伏在那个大洲。最近150年来，南美洲先后发生过四次大地震，累计伤亡人数大约有12万人。

世界上最长的山脉——长达8900千米的安第斯山脉，就横亘在那个大洲上。那条山脉几乎纵贯了整个南美洲，其中的阿空加瓜山是最高峰，海拔6960米。那座高峰，就是世界上最高的一座死火山。

世界上第二大的高原——总面积500多万平方千米的巴西高原，也坐落在那个大洲上。那儿还有非常之多的河流、瀑布和极深的海沟。那个大洲，是世界上地理现象最为丰富的区域之一。

南美洲分为北部、中西部、东部和南部四个区域，共有12个国家。综合实力较强的国家，有巴西、阿根廷等。

三个孩子听到这儿，也对南美洲有了很深刻的了解。他们还萌生了一种很强烈的意识，觉得越是缺乏了解的地方，就越需要多去了解，这样才能学到更多的知识，认识更多的地方。

南美洲的巴西里约热内卢市

人物冒泡

章树叶想：幸好那座阿空加瓜山是一座死火山；要是它是一座活火山，那就太可怕了！一旦发生了火山爆发，它的位置那么高，肯定会造成无法估量的危害。

他在心里默默地念道："希望地球上所有的火山都不要爆发，以免给人类造成灾难。"

大洋洲是什么样子

怪博士继续介绍大洋洲。

大洋洲，意为"被大洋环绕的陆地"。它主要位于太平洋中部和南部赤道以南的海域中，西濒印度洋，东临太平洋，处在亚洲和南极洲的中间。

大洋洲的岛屿和陆地面积，共897万平方千米，是陆地面积最小的大洲，也是除南极洲以外，人口数量最少的大洲，只有3625.2多万人(2016年)。

大洋洲东西长度大约10000千米，南北宽度大约8000千米，由一块大陆，以及分散在浩瀚海域中的大约1万多个岛屿组成，地理形状很像一团燃烧的火焰。

大洋洲横跨南北两个半球，中部和西部面积辽阔。那儿大约有一半的陆地属于干旱或半干旱地带。而且风力强劲，有很多地区的地表都是风蚀地貌，植被非常稀少。在西部的沙漠，以及中部的艾尔湖一带，形成了大面积的，由风力雕凿而成的沙丘、沙垄和碟状沙地。

大洋洲大部分地区，都属于热带和亚热带气候。那儿自然资源非常丰富，尤其是铝土、黄金和石油等矿产居多，动物和水产品种类也特别繁多。

大洋洲还盛产绵羊。绵羊养殖数量大约占地球上总数的20%。羊毛出口数量，大约占地球上总数的40%。所以那儿是世界上养羊和羊产品出口数量最多的大洲。

大洋洲除了个别国家外，很多国家的经济发展，都主要依靠农业，所以也相对落后。

大洋洲共有大约16个国家和地区，综合实力较强的国家，有澳大利亚和新西兰等。

三个孩子听到这儿，也对大洋洲有了很深刻的了解，原来那儿是地球上最小的大洲，还有那么多的小岛屿。而且那儿还是世界上养羊以及羊产品出口数量最多的大洲。

⑭ 大洋洲是什么样子

大洋洲的澳大利亚悉尼市

人物冒泡

夏语最喜欢性情温顺的绵羊了。

她的脑海里浮现出这样一番景象：

她在一片广阔的草原上放牧一群洁白的绵羊。忽然，她发现了一个很奇怪的现象——她的羊群中，竟然有两只非常奇怪的"羊"，在鬼鬼祟祟地围着她转。她以为是遇见了什么怪物，于是举起鞭子打了过去，结果听见两个人嗷嗷地叫疼。

她走过去一看，才发现原来是云飞扬和章树叶在假扮怪羊吓唬她。他们没想到，不仅没有吓着夏语，还害自己狠狠地挨了鞭子，真是偷鸡不成蚀把米！

63

15 南极洲是什么样子

怪博士继续介绍南极洲。

南极洲，意为"围绕南极的大陆"。它位于地球的最南端，是由南极大陆、陆地边缘的冰层地带，还有附近一些岛屿组成。它的四周被太平洋、印度洋和大西洋环抱。总面积1405.1万平方千米。它是地球上海拔最高的大洲，全境平均海拔为2350米。

南极洲最高处是文森山，海拔5140米。这座高峰冰层最厚的地方，竟然达到了4750米。整个大洲都被厚厚的冰川覆盖，完全是个银色的世界。

南极洲上的冰层，是地球上最主要的淡水资源。如果地球上的气温持续上升，导致那些冰层全部融化，会使海平面上升大约66米。若真是那样，地球上绝大多数的沿海地区，都会被海水淹没。

南极洲每年分寒、暖两个季节。

寒季是每年的4—10月份，那段时间还会出现很多天的极夜现象，经常能看到绚丽夺目的极光。

⑮ 南极洲是什么样子

　　暖季时间是每年的 11 月至次年的 3 月。暖季会出现很多天的极昼现象，到时太阳总斜着照在那儿，不会落下地平线。

　　南极洲的气候极其严寒，最低气温可达 -89℃。而且还会刮起巨大的风，最大风速可达 90 米 / 秒以上。

　　南极洲是地球上气候最冷、风力最大、风暴最多和雨水最少的大洲，全洲年平均降水量仅有大约 55 毫米。南极洲的中心，几乎全年无降水，所以那儿也被称为"白色荒漠"。除了一些企鹅和信天翁外，其他陆地动物都难以在那儿生存。

　　南极洲还有个非常奇怪的景象：会出现一种乳白色的天空。这种奇观是由那儿的极低温，与冷空气中的小雪粒相互作用形成的。当阳光照在冰层上面，光会被反射到低空的云层中。而低空云层中的小雪粒，又会将光散射开，然后反射到地面的冰层上。经过这样的来回反射，从而形成了那种朦朦胧胧、苍苍茫茫、如梦如幻的乳白色天空。

　　南极洲也有大量的煤、石油、天然气、金、银、铜等矿产。

　　南极洲还是地球上唯一一个不属于任何国家的大洲，它是属于全人类的。

　　1961 年 6 月通过的《国际南极条约》，规定南极洲只能用于和平目的的科考。所以南极洲并没有永久性居民，只有一些来自各国的科考队员。中国也在南极建立了长城站、中山站、昆仑站、泰山站和罗斯海新站等五个科考站。

三个孩子听到这儿,也对南极洲有了很深刻的了解。原来南极洲是那么寒冷,竟然会出现那种奇怪的乳白色天空。而且那儿还没有永久性居民,只有一些国家的科考队员在那儿活动。中国也在那儿建立了那么多的科考站,他们都为祖国的科技进步感到无比自豪。

人物冒泡

云飞扬想:除了科考以外,还可以在南极洲做点什么呢?

他的脑海里浮现出这样一番景象:

他去了南极洲,并在那儿的冰川中,雕凿出了一座亮晶晶的美丽冰城。冰城中有很多高大的冰房子,有无数条宽敞的冰马路,还有一个超大的滑冰场。在那儿滑冰,滑一圈有几千米,非常过瘾。

那座冰城,吸引了世界上无数的人们前去参观游玩。

南极大冰层

16

四大洋是什么样子

怪博士继续介绍四大洋。

太平洋,是地球上最大的海洋。它位于亚洲、北美洲、南美洲、大洋洲和南极洲之间,东临巴拿马运河,西依马六甲海峡,南接南极洲,北靠白令海峡,总面积17967.9万平方千米,约占世界海洋总面积的50%,平均水深大约3957米。

1520年,葡萄牙航海家麦哲伦在环球航行中,进入一片海峡时,突然遇到狂风大作,惊涛骇浪。当他走出那片海峡时,便见前方的洋面风平浪静。于是他就将那片大洋称为太平洋。后来这个称谓得到了全世界的认可,所以沿用至今。

大西洋,是地球上的第二大洋。它位于欧洲、非洲、北美洲、南美洲和南极洲之间,总面积9336.3万平方千米,约占世界海洋总面积的25%,平均水深3597米。

大西洋一词,源自古希腊神话大力士阿特拉斯的名字。传说他就住在大西洋当中,能够知晓任何一处海洋的深度,还有擎天立地的神力。

⑯ 四大洋是什么样子

1845年，英国伦敦地理学会正式将那片大洋命名为"大西洋"。

印度洋，是地球上的第三大洋。它位于亚洲、非洲、南极洲、澳大利亚大陆之间。总面积7492万平方千米，约占世界海洋总面积的21%，平均深度3711米。

印度洋的地理位置十分重要，它是世界海洋上的交通枢纽和主要经济通道。从印度洋进出太平洋和大西洋，都非常便利。

1497年，葡萄牙航海家达·伽马绕道非洲好望角，向东方寻找印度大陆。他将所经过的那片洋面，称为"印度洋"。1570年，世界地图集也将那片大洋称为"印度洋"。此后这个名字逐渐普及。

北冰洋，是地球上最小、最浅和最冷的大洋。它介于亚洲、欧洲和北美洲之间，大致以北极为中心，在地球的最北端。它的总面积只有1475万平方千米，还不到太平洋的十分之一，约占世界海洋总面积的4.1%，平均深度1225米。

1650年，德国地理学家瓦伦纽斯，首先把它划成独立的海洋，并称其为"大北洋"。1845年，英国伦敦地理学会正式将它更名为"北冰洋"。这个名字，源自古希腊人说它是正对着天上的"大熊星座"，而且它的位置又在极寒冷的北方，洋面上还常年出现冰层，所以他们觉得称它为北冰洋更为贴切。

三个孩子听到这儿，也对四大洋有了很深刻的了解。原来地球上，还有那样的4个大洋！

大鲨鱼

人物冒泡

云飞扬想：如果乘坐最快的船，围绕这四大洋航行一周，需要多长时间呢？

他的脑海里浮现出这样一番景象：

在怪博士的带领下，他们乘坐一艘快艇去周游四大洋，结果只用了1个月，就快游完了。

当到达最后一站的大西洋时，他们遇到了一条非常凶猛的鲨鱼。那条鲨鱼个头特别大，大约有10米长。它追着他们跑，就像要把他们的快艇掀翻一样。他们都被吓得要命，头发都竖了起来。

怪博士加大马力，没想到快艇竟然飞了起来。就在快艇落下的那一刻，正好砸到追来的鲨鱼头上。咣当一下，把鲨鱼砸晕了。那条鲨鱼晕晕乎乎地沉到海底，再也不追他们了。

17 第一次生物大灭绝事件

怪博士讲到这儿,又拿起一小包腰果吃了起来。他吃腰果时咔咔作响,立刻把三个孩子的馋虫勾了出来。

三个孩子也以极快的速度,各自拿了一些吃的放进嘴里,这才堵住了要流出来的口水。

大家吃了一些东西后,怪博士继续开讲。

寒武纪生物大爆发以来,地球上先后发生了五次生物大灭绝事件。每当发生这样的事件,都有大量的物种永远地离开地球。

第一次生物大灭绝事件,发生在约4.4亿年前的奥陶纪末期,所以又称"奥陶纪末生物大灭绝事件"。

那个时期,海洋中已经有了非常多的生物种类,是无脊椎动物空前繁荣的发展阶段。其中最具代表性的有三叶虫、鹦鹉螺、箭石、笔石、腕足动物、珊瑚、海百合和苔藓虫等。

那时三叶虫为了防御,还在胸部和尾部进化出了许多的针刺。

根据地质学家和古生物学家的研究推断,发生那次大灾难的主要原因,可能是当时的一块最大的陆地漂移到了南极地区,从

而导致那块陆地的气候异常寒冷。

那块大陆有多大呢？它的范围大致包括今天的南美洲、非洲、澳大利亚、印度半岛和阿拉伯半岛。由于受到寒冷气候的影响，这块大陆的大部分地区都结了厚厚的冰层，海洋也被冰层所覆盖。

封冻的海洋阻隔了洋流活动，暖流无法流通，从而造成整个地球的温度持续地下降，地球因此进入第三次大冰期。

这次大冰期导致海平面大幅度下降，原先丰富的沿海生物圈，遭到了严重的破坏。

除此之外，这些生物还可能遇到另外一个灾难事件：当时有颗距离地球大约6000光年的恒星，由于衰老发生了大爆炸；大爆炸释放的伽马射线，穿过太空，摧毁了地球上空大约30%的臭氧层；没有足够厚度的臭氧层遮挡，紫外线便长驱直入，从而导致大量的海洋浮游生物消亡。

浮游生物的消亡，直接引起了食物链断裂，有很多其他生物因此相继在饥荒中失去生命。

这次大灾难大约持续了6500万年，造成当时大约85%的海洋生物物种从地球上灭绝。

三个孩子听到这里，都非常震惊：那次大灾难，竟然造成那么多物种从地球上消亡了！

在第一次生物大灭绝事件中消失的箭石和笔石

人物冒泡

云飞扬想：地球上那些幸存下来的生物，是怎样躲过那次大劫难的呢？

他的脑海里浮现出这样一番景象：在一个极度恶劣的环境中，很多生物都饿死了；但有一些无比坚强的生物，仍在努力地寻找安全地带和食物；它们经受了长时间的困苦煎熬，终于度过了那次大劫难。

他突然明白了生命是何其宝贵。他觉得遇到再大的困难，都要坚持下来；以后既要好好地珍惜自己的生命，也要尽一切力量去保护别人的生命。

18

第二次
生物大灭绝事件

第二次生物大灭绝事件，大约发生在 3.77 亿年前的泥盆纪晚期，所以又称"泥盆纪生物大灭绝事件"。

那时正是海洋生物非常良好的发展阶段。由于在上一轮的地球板块运动中，海洋中又增加了很多的岛屿，这给需要在阳光充足的浅滩处生长的海洋生物，提供了更多的生存空间。

鱼类在这一期间，出现了大繁荣现象。有很多种类的鱼，都奇幻般地相继涌现，所以那时也被称为"鱼类时代"。

而且那时的陆地上，植物已经生长得十分茂盛。有很多的海洋生物，以及一些河流湖泊中的水生生物，都开始登陆上岸，成为最早的两栖动物。

就在那样一个美好的时期，突然又爆发了第二次大灾难。

根据地质学家和古生物学家的研究推断，发生那次大灾难的主要原因，可能是当时的某一天，从西伯利亚地区的海床裂缝中，出现了连片的火山喷发，大量炽热的熔岩流冲破地壳，涌入海洋，致使海水沸腾，无数的海洋生物都因此丧生。

18 第二次生物大灭绝事件

而且火山喷发,还制造了大量的有毒气体。那些有毒气体与海水混合后,发生了致命的化学反应,致使海水不断酸化,海洋严重缺氧,这也导致大量的海洋生物窒息消亡。

另外,火山喷发也产生了大量的灰尘。那些灰尘遮住了天空,阳光照射不进来,地球从此陷入了一段长达大约200万年的黑暗岁月。没有阳光,地球气温不断地下降,接着又下了一场长达数年的大雪,地球从此进入第四次大冰期。那些无法适应这些变化的海洋生物,几乎全部消亡了。

这次大灾难,大约造成当时75%的海洋生物物种——包括最凶猛的邓氏鱼在内的所有盾皮鱼,以及所有的头甲鱼——都永远地离开了地球。

三个孩子听到这儿,再次惊得背脊发凉。原来那时的地球,还出现了一次那么长时间的黑暗岁月,并降了一场连续数年的大雪!

在第二次生物大灭绝事件中消失的头甲鱼

云飞扬想：如果生活在那样的黑暗岁月中，该有多可怕呀！

他的脑海里浮现出这样一番景象：

他生活在那段黑暗的岁月中，什么也看不见。他摸索着走在路上，一不小心撞到一棵大树上，痛得要命。他伸手一摸，摸到自己那高高的鼻子上，起了一个大大的包。

其实在离他不远的地方，夏语和章树叶也有同样的遭遇，他们两人的额头上，也都撞出了大大的包。

他们都顶着大大的包继续摸索着向前行走，结果三人又撞到了一块儿，并都撞到了各自的肿包上。他们都痛得嗷嗷大叫，眼泪哗哗直流。

第三次生物大灭绝事件

第三次生物大灭绝事件，大约发生在2.5亿年前的二叠纪晚期，所以又称"二叠纪末生物大灭绝事件"。

那一时期地球上的生物，又在上一次大灾难后得到了很好的恢复。无论是海洋生物还是陆地生物，都处于极好的发展态势中。

当时的海洋中，最具代表的生物有三叶虫、海蝎和板足鲎等。

那时陆地上的生物也大量涌现，昆虫和脊椎动物都非常繁多；并有了很多大型动物，如丽齿兽、二齿兽、麝足兽、水龙兽和前缺齿兽等。

就在这样一个生物发展的鼎盛时期，又发生了第三次大灾难。

根据地质学家和古生物学家的研究推断，发生这次大灾难的主要原因，可能是当时漂移在外的罗迪尼亚大陆板块，又重新回归合拢，从而形成了一个新的超级大陆，即盘古大陆。

那次地球板块运动进行得异常剧烈，从而导致大面积的火山持续爆发，有毒气体充斥天空，臭氧层再次遭到严重破坏。

没有了臭氧层的保护，太空紫外线直接照射地球，从而让地

球上的生命，遭受了长时间的残酷伤害。

大规模的火山爆发，也让地球气温不断上升，高温将海水大量蒸发，海平面大幅度下降。有科考证据表明，那时的海水减少程度，达到了令人惊叹的地步。在那样的恶劣环境中，海水不断酸化，并严重缺氧，导致无比之多的海洋生物因此失去了生命。

而且火山爆发产生了大量的尘埃。那些滚滚尘埃飘到天空，遮天蔽日，久久不能散去，结果造成地球经历了一次长达约40万年的漫漫黑夜。植物长期照射不到阳光，毁坏殆尽；绝大多数的陆地生物，都在饥饿中消亡。

那次大灭绝事件，是生物史上最严重的一次大劫难，最终造成当时超过90%的海洋生物物种和大约75%的陆地生物物种永远地离开了地球！

地球上的生命，几乎要绝迹了！

在地球上生活了几亿年的三叶虫，可能就是在那次大灾难中全部灭绝的！

后来地球上的生物，差不多都是新进化出来的物种。

三个孩子又被惊得目瞪口呆，原来在那次大劫难中，竟然有那么多生物物种从此永远地消亡了！

⑲ 第三次生物大灭绝事件

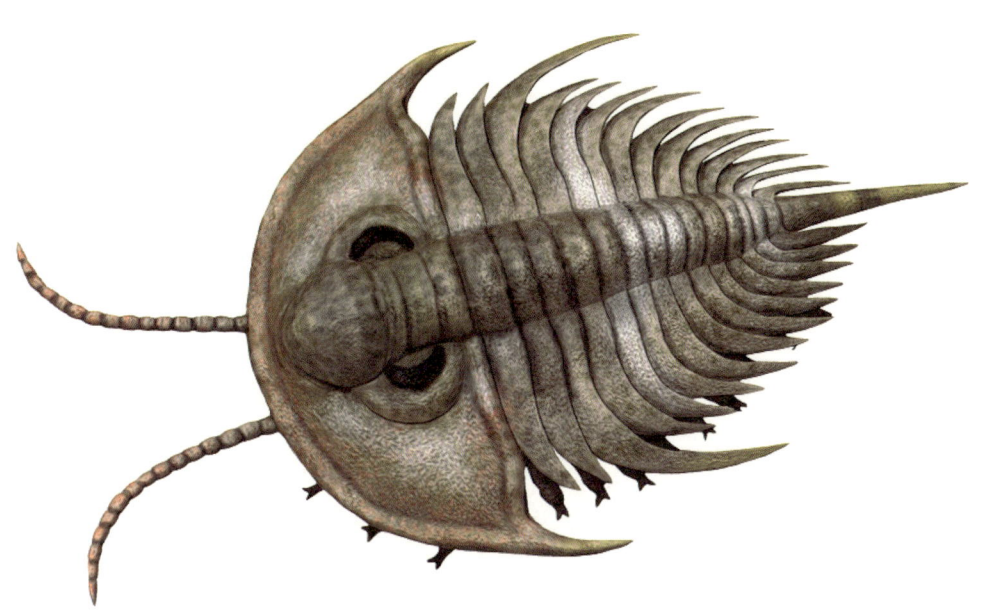

在第三次生物大灭绝事件中消失的三叶虫

人物冒泡

云飞扬想：幸好还有少量生物物种没有被灭绝，否则今天的地球上就没有生物了！也肯定没有我们人类了！

第四次
生物大灭绝事件

第四次生物大灭绝事件，大约发生在2亿年前的三叠纪晚期和侏罗纪时期，所以又称"三叠纪生物大灭绝事件"。

那时恐龙已经出现，但还没有成为地球霸主。

三叠纪时期地球上的真正霸主，是鳄类。它们有近100个种类。

它们形态各异，有的很像恐龙，比如行动敏捷的灵鳄；有的长有一颗硕大的脑袋，比如四肢垂直的波斯特鳄；有的与角龙很类似，比如全身长着甲片的角鳄；还有狂齿鳄和楔形鳄等。其中，波斯特鳄是当时的顶级猎食者。

那时，陆地上的生物也非常繁多，鸟类和袋类哺乳动物都相继出现。

同样是在那么一个欣欣向荣的时期，又突然发生了第四次大灾难。

根据地质学家和古生物学家的研究推断，发生这次大灾难的主要原因，可能是当时刚刚合拢的盘古大陆，再次出现了分裂。这次的板块运动异常剧烈，盘古大陆被巨大的地核能量，冲击得

20 第四次生物大灭绝事件

地动山摇，震荡不安。

那些沸腾的地核岩浆，以一种不可阻挡的态势，不断地从盘古大陆的裂缝中涌出，导致大面积海水滚烫。

这次板块运动，还引发了大面积的火山爆发，并产生了大量的二氧化碳。气温也出现了飙升，在前后几百年间，升高了大约30℃。

这样的高温，将地球上大部分的植物摧毁，导致陆地上的动物严重饥荒。

到了这次大灾难的中后期，虽然火山停止了喷发，但之前喷发的火山尘埃，形成了厚厚的尘埃云，挡住了阳光。

由于长期没有阳光，地球温度不断下降，随后又下了一场长达数年的大雪，地球因此从一个热火朝天的高温期，坠入一个漫无天日的寒冷期。那些无法适应这种环境变化的生物物种，几乎全部消亡了。

再后来，大气中的水分子还发生了化学反应，形成了酸雨。酸雨接连下了多年，致使土地不断酸化，植物难以生长，造成一些本来已艰难活下来的陆地生物最终在饥荒中死去。

这次大灾难，大约造成当时76%的生物物种永远地离开了地球。

三个孩子也同样被这次大灾难惊得汗毛直竖！

在第四次生物大灭绝事件中消失的波斯特鳄

人物冒泡

云飞扬想：可能大自然中有一条很奇妙的法则，即每次在这样的大灾难中，都会留出一些"真空地带"，让一些生物能够生存下去。

他的脑海里浮现出这样一番景象：

地球正在发生剧烈的板块运动，大部分地区都在遭受着毁灭性的大灾难。

但在某个地区，出现了很神奇的现象。那儿竟然是风和日丽，没有一丁点儿危险。很多生物都在那儿平静地生活着，根本感觉不到别的地方正在遭受灾难。

第五次
生物大灭绝事件

第五次生物大灭绝事件，大约发生在 6600 万年前的白垩纪晚期，所以又称"白垩纪生物大灭绝事件"。

那次大灾难与上一次大灾难的时间间隔大约有 1.35 亿年。

在那段时间里，地球气候再次变得温和宜人，雨水非常丰沛，陆地植物生长得特别茂盛。无论是海洋生物还是陆地生物，都在那个阶段，得到了一次良好的发展。

其中最具代表性的就是恐龙，它们已经发展成为种类最为繁多、体形最为庞大、行为最为凶猛的生物种群。

它们有的能在陆地上跑，有的能在天空中飞，有的能在水里面游。真可谓是海、陆、空都有它们的身影。它们统治地球，长达大约 1.6 亿年之久。

最繁盛的时候，它们的种类达到了 800 多个。

正当这样一个庞大的、称霸地球如此之久的生物越来越兴盛时，突然又发生了第五次大灾难，从而导致恐龙家族全部灭绝！

根据地质学家和古生物学家的研究推断，这次大灾难，可能

是一颗来自天外的小行星撞击地球所导致的。

地质学家还在今天的墨西哥尤卡坦半岛，找到了那次事件的相关证据——那儿有个小行星撞击坑。根据撞击坑面积推算，那颗小行星的直径，大约有10千米。

中国科学家欧阳自远院士也在西藏地区找到了那次撞击所留下的岩质层证据。

那颗小行星可能是以20千米/秒的速度飞向地球的。它在接近大气层时，温度可能达到了20000℃，光度可能是太阳的100万倍。撞击地球时产生的威力，可能要比人类目前所拥有的全部核武器同时爆炸的总威力还要大1万倍。撞击引发了大面积地震和海啸，以及大量的火山爆发。

撞击所产生的气体和尘埃，形成了一片几千米高，温度可能达到了7800℃的云层。这片炽热的云层，大约在5小时内就包裹了地球。地球生物遭到了毁灭性打击，大量生物失去性命。

后来，那片云层几十年都没有散去，植物长期照射不到阳光，无法生长，于是又有很多生物，在饥荒中消亡了。

那次大灾难，共计造成当时大约75%的生物物种永远地离开了地球。

三个孩子听到这儿，对那次大灾难感到无比惊骇！他们怎么也没想到，地球上的生物，竟然遭受了这么多次的灭顶之灾。而

21 第五次生物大灭绝事件

且那些庞大的恐龙种群，竟然在这次大灾难中全部消亡了！

夏语突然想到了一个很严重的问题，见怪博士停顿下来，很担心地问道："唐爷爷，地球上还会不会出现第六次大灭绝事件呢？"

怪博士答道："关于这个问题，主要取决于地球环境是否遭受重大破坏。之前的每次大灭绝事件，都是这个原因造成的。只要地球不遭受那样的重大破坏，就没有理由发生第六次大灭绝事件。

"尽管目前人类的活动和工业的发展，造成了一些环境的破坏，导致了一些生物的消亡。但那不等于第六次生物大灭绝事件，科学界也没有给出这样的定义。不过，我们人类还是要提高保护大自然和野生动物的意识。只要减少了人为的破坏，就一定能减少非自然灾害导致消亡的生物数量。"

听到怪博士这样的回答，夏语放心多了。

人物冒泡

夏语想，她以后要从自己做起，好好保护大自然和野生动物。她准备成立一个小分队，积极地宣传保护大自然和野生动物的知识，组织大家绿色出行，倡导大家垃圾分类，督促大家爱护一花一草、一木一物。

在第五次生物大灭绝事件中消失的恐龙

地球上现在有多少种生物

现在地球上,生存有多少种生物呢?

关于这个问题,可能很多人都想知道答案。

但世界这么大,生物那么多,要想去统计这个数据,那是多么的困难呀!

不过,生物学家是不畏惧这个困难的,他们一直在做这项无比艰巨的工作。

根据联合国环境署2011年8月24日发布的报告,目前地球上大约有870万种生物。其中,陆地生物大约有650万种,海洋生物大约有220万种。

如果进行细分,便是动物大约有780万种,植物大约有30万种,真菌类大约有60万种。

2016年,中国的生物学家也做了一次大规模的生物统计工作。在当时的记录中,中国拥有大约86575种生物。

虽然地球先后遭受了5次生物大灭绝事件,已有无数的生物物种永远地离开了地球。但每次大灾难后,都会出现新一轮的生

物大发展过程。而且新进化出的生命，更能适应地球环境的新变化。这就是大自然，它有着无比强大的力量，总能一次次地修复伤痕，让万象更新，不断地变得更加美丽。

当然，这些生物数量也只是已被科考发现的部分。其实还有很多的深山险地和大海深处，仍未被深入科考，所以还存在非常多的生物未被发现。根据一些生物学家的估计，地球上的实际生物数量，可能超过了2亿种。

即使是那些已被发现的生物，我们对它们中的绝大部分都了解甚少，只是给它们进行了简单的命名和描述，并没有进行深入的研究。所以人类在这个学科领域，还有太多的事情需要去做。

不过现在地球上，确实出现了一种令人惋惜的事情：每年都有一些生物物种消亡。

以下5种美丽的动物，已经步入灭绝的边缘。如果我们还不能很好地救助它们，或许几十年后，我们就再也看不到它们那鲜活灵动的身影了。

怪博士讲到这儿，默默地在银幕上播放出那些动物的图片。

22 地球上现在有多少种生物

1. 亚洲狮，主要分布在印度，野生种群仅存 350 只左右。

2. 苏门答腊虎，主要分布在印度尼西亚的苏门答腊岛，野生种群仅存 500 只左右。

3.远东豹,又称东北豹,主要分布在俄罗斯和中国东北,仅存150只左右,野生种群已近灭绝。

4.红狼,主要分布在美国的东南部,仅存220只左右,野生种群已近灭绝。

22 地球上现在有多少种生物

5. 白鱀豚，被誉为"水中大熊猫"和"长江女神"，是中国独有的鲸类物种。2007年，白鱀豚被宣布功能性灭绝，存活数量不详。

看到这些图片，三个孩子都非常痛心，他们真希望这些美丽的动物不要消亡。他们都下定决心，要好好保护所有的动物。

地球上的巅峰在何处

地球上的最高处在哪儿呢?

它就位于中国与尼泊尔的边境线上,那儿有座地球上的最高山峰,即珠穆朗玛峰。它被称为"地球的屋脊"。

2020年12月8日,中尼两国领导人共同向世界隆重宣布,珠穆朗玛峰的最新高度,为8848.86米。

那座高峰非常特别,它常年被冰雪覆盖,天气总是变幻莫测,还时常刮起10级以上的狂风。那儿的温度极低,最冷时可达-50℃。而且含氧量极低,人类根本无法长时间在那上面生存。

很久以前,那片区域还是深深的海洋,被称为"古地中海"。大约在5500万年前,由于受到当时无比强大的地球板块运动的推动,那儿才从海洋中升起,并形成了这座巍峨宏伟、气势磅礴、美丽迷人、如金字塔顶一样的地球最高峰。

更为奇妙的是,这座高峰还在以每年大约2厘米的速度增长。估计在6万年后,它的高度可能会突破1万米。

这座高峰的周围,还有十几座高耸入云的山峰。地球上排名前

23 地球上的巅峰在何处

10位的高峰,有9座都聚集在这一区域。另外1座离这儿也不太远。

自从1953年新西兰的运动员埃德蒙·希拉里,以及尼泊尔的向导丹增·诺尔盖两人,首次登上这座高峰以来,到2021年为止,有4000多人成功地登上了此峰。

三个孩子听说珠穆朗玛峰还在不断地增长,都感到无比神奇!

珠穆朗玛峰

人物冒泡

云飞扬想:登上珠峰看世界是什么感觉呢?肯定会非常精彩!

他的脑海里浮现出这样一番景象:

他和夏语、章树叶一起去攀登珠峰。他们好不容易爬到一半,结果都滚落了下来。但他们不惧艰难,一次次在失败中继续前行,经过不懈努力,最终登上了珠峰之巅。他们远眺前方,感觉世界是那么辽阔,自己的眼界和胸怀似乎也随之变得宽广。

24

地球上的深渊在何处

地球上的最深渊在哪儿呢？它就位于马里亚纳群岛附近的太平洋底。那儿有条极深的海沟，名叫马里亚纳海沟。

那条海沟全长大约 2550 千米，最宽处大约有 70 千米，最深处（斐查兹海渊）有 11034 米。

那儿是目前人类发现的地球最深处，所以那儿也被称为"地球的深渊"。即便是把珠穆朗玛峰放在那条海沟中，也会被深深地淹没掉。

那条海沟的最深处，是目前人类难以企及的地方，因为那儿的水压，达到了 1100 个大气压。这样的压力，就相当于一个人的四周都被 1 吨重的东西紧紧地挤压着一样，根本无法承受。即便是放一只大铁球在那里面，也会被挤压变形。

这条海沟里面漆黑一片，见不到任何阳光。海水也冰冷刺骨，水温只有大约 2℃。

但奇怪的是，在那样极其恶劣的环境中，竟然还有很多生物存在。科学家在那条海沟里，发现了比目鱼、狮子鱼、小红虾和一

些奇怪的鱼类，还发现了一些美丽的珊瑚和晶莹剔透的矿石。

那条海沟也特别神秘，竟然会出现一些古怪的声音。那种声音非常恐怖，犹如幽灵的喘息声，听起来令人毛骨悚然。

地球上共有大约28条深深的海沟，其中深度达1万米的，还有日本海沟、千岛海沟和菲律宾海沟等。

三个孩子听到这儿，也对地球上的海沟有了很深刻的了解。他们都感到非常惊讶：在那么深的海沟中，竟然还有生物存在！

人物冒泡

章树叶想：在那条神奇的海沟中，会不会还生活着远古生物呢？

他的脑海中浮现出这样一番景象：

他乘坐最先进的潜水器下潜到那条海沟的最深处，竟然发现了很多大怪物。它们有的身长100多米，有的身上闪烁着像繁星一样的亮光，有的头部比一栋房子还要大，有的牙齿像一把把锋利的钢刀……还有一条巨大的怪鱼，竟然把他乘坐的潜水器吞进了肚子里，后来由于消化不了才吐了出来。他为此吓得一身冷汗，赶紧操控着潜水器返回水面。

地球上有哪些著名的大河流

地球上有哪些著名的大河流呢？如果按照长度排名，前5位是如下几条。

第1位是尼罗河。它是地球上最长的一条河流，全长6671千米。它发源于非洲东部，干支流流经10多个国家，最后注入地中海。这条河流是人类文明的发源地之一，也是埃及人民的母亲河。它从南到北，贯穿了埃及全境。在河的两岸，形成了一条很宽阔的绿色长廊。

第2位是亚马孙河，全长6480千米。它是地球上流域面积最广、水量最大的一条河流。它发源于南美洲北部，流域面积705万平方千米，最后注入大西洋。这条河流的河口平均流量，达到了每秒22万立方米，流量远超其他几条大河。这条河流滋养了许多繁茂的热带雨林，它们大部分都成了众多野生动物的美丽天堂。

第3位是长江，全长6300千米，整条河流都流淌在中国境内。它发源于青藏高原的唐古拉山脉各拉丹冬雪山，高山上的冰雪化作涓涓细流，汇成了一条奔腾的大江，浩浩荡荡地流经青海、西

藏、四川、云南、重庆、湖北、湖南、江西、安徽、江苏、上海等11个省区市,最终在上海的崇明岛注入东海。

第4位是密西西比河,全长6262千米。它发源于美国西北部的落基山脉,位于黄石公园附近。它汇聚了大约250条支流,流经美国大约31个州,以及加拿大的2个州,最后注入大西洋。这条河流是美国大陆上流程最远、流域面积最广、流量最大的河流。美国人称它为"老人河"。

第5位是黄河,全长5464千米,整条河流也流淌在中国境内。它有三条主源:北源扎曲发自青藏高原的巴颜喀拉山脉;南源卡日曲发自各姿各雅山麓;上源马曲(约古宗列曲)出青海省巴颜喀拉山脉雅拉达泽山麓。这条河流呈"几"字形,流经青海、四川、甘肃、宁夏、内蒙古、陕西、山西、河南、山东,最后在山东的东营注入渤海。黄河孕育了中华文明,是中华儿女的母亲河。

另外,流经中国的澜沧江和黑龙江,长度分别列居第7位和第10位。

三个孩子听到这儿,对地球上那些著名的河流,有了很深刻的了解。

中国长江

人物冒泡

云飞扬想：地球上有这么多长河，如果能把那些长河里的水抽调到干旱地区，该有多好哇！

他的脑海中浮现出这样一番景象：

他和夏语、章树叶在怪博士的带领下，通过不断探索，研制出了一套智能化自动循环输水管道。这套管道能够不停地将那些大河中的水，自动输送到地球上的干旱地区，从而让很多荒漠变成生机勃勃的绿洲。

26

地球上的超级大岛屿

地球上的岛屿,有名字的有 5 万个以上。如果加上那些没有名字的小岛屿,估计有几十万个之多。但真正的超级大岛屿,是格陵兰岛。它位于北美洲的东北部,面积 216.61 万平方千米,相当于一个中等以上国家的国土面积。

格陵兰岛,意为"绿色的土地"。但与其名称极不相称的是,那儿地处高纬度的严寒地带,约 85% 的区域都被冰川覆盖。冰川的最大厚度达 3400 米。岛上几乎见不到绿色,是个银白色的世界。

关于这个大岛屿的发现,还有个很有趣的故事。相传在公元 982 年,挪威有个号称"红发埃里克"的海盗。他从冰岛出发,独自划着一叶扁舟远涉重洋。他在浪迹天涯的过程中,竟意外地发现了一个长满水草的,不到 1 平方千米的小山谷。

他回到冰岛后,便大肆宣扬自己在海上发现了一块绿色的土地。后来有很多人沿着他的路线去寻找那个地方,最终找到了这个地球上最大的岛屿。

这个大岛屿由于是在北极圈内,所以每年都会出现大约 260

26 地球上的超级大岛屿

天的极昼和极夜现象。岛上一年四季狂风凛冽，常住人口非常稀少，只有7万多人，是地球上最地广人稀的地区之一。

这个大岛屿自然风光极其美丽，是世界人民都很向往的旅游胜地。岛上的矿产资源也特别丰富，有难以估量的煤、铁、铜和金刚石等。

中国也有两个大岛屿。一个是台湾岛，面积3.578万平方千米。另一个是海南岛，面积3.383万平方千米。这两个大岛屿，也同样物产丰富，自然环境特别秀美，都是世界人民所向往的旅游胜地。

三个孩子听到这儿，都知道了地球上原来还有那么多的岛屿；最大的岛屿，竟然是这样被发现的；而且中国也有两个超级大岛屿。

夏语想：地球上有那么多岛屿，如果能让她管理一个就好了。她会在那个岛屿上栽种各种各样的鲜花，让那儿成为地球上最美的地方。

格陵兰岛风光

27 地球上有哪些超级大沙漠

地球上面积超过1万平方千米的大沙漠，有多少个呢？有80多个。其中最大的一个沙漠，是撒哈拉沙漠。

撒哈拉沙漠，可谓是沙子的世界。它广阔无垠，望不到边际。它位于非洲北部，面积约966万平方千米，差不多与美国的国土面积相当。

那个大沙漠是大约250万年前形成的。但在大约2500年前，那儿还有很多的森林与河流。后来随着气候的不断恶化，那儿才逐渐变得干燥少雨，成为地球上最不适合生物生存的地方。现在那儿的最高温度，竟然达到了大约57℃。那里还经常发生沙尘暴。

有人说，只有去撒哈拉沙漠体验了那种恶劣环境的人，才能真正懂得世界之美、水和绿洲的价值，以及生命的可贵。

其实那个大沙漠，也有一种独特的美，虽然苍凉，但有一种顽强不屈的精神——它无论遭遇了多少摧残，都能一点点地修复伤痕，并让自己变得更加灿烂。

在那个大沙漠中，还潜藏着许多宝藏，不仅有大量的石油和天然气，还有很多的金属矿产。

中国也有八大沙漠，从大到小分别是：新疆的塔克拉玛干沙漠、新疆的古尔班通古特沙漠、内蒙古的巴丹吉林沙漠、内蒙古的腾格里沙漠、新疆的库姆塔格沙漠、青海的柴达木盆地沙漠、内蒙古的库布齐沙漠和内蒙古的乌兰布和沙漠。

其中的塔克拉玛干沙漠，面积33.76万平方千米。它是地球上的第十大沙漠，也是地球上的第二大流动沙漠。在强大的风力吹动下，那儿的沙丘会不断地移动，就像是在行走一样。

而且在那个沙漠地区，还会出现一些非常奇特的现象：每到酷热的夏天，一些动物竟然会像冬眠一样进行"夏眠"。

三个孩子听到这儿，对地球上的大沙漠有了很深刻的了解：原来中国也有那么多的大沙漠，原来有些动物会进行夏眠！

撒哈拉大沙漠

人物冒泡

云飞扬想：那一望无垠的大沙漠，是多么奇幻，他特别想去看看。

他的脑海里浮现出这样一番景象：

他和夏语、章树叶来到一个大沙漠，在那儿玩起了滚沙丘的游戏。他们从一座大沙丘上往下滚，看谁滚得最快。结果章树叶滚得最快，最先到达沙丘的下面。可是后面滚下来的云飞扬和夏语，都压在他的身上了，竟然把他压哭了。

他的眼泪似泉水一样喷洒。非常奇妙的是，在他眼泪浇灌的沙漠上，快速地长出了一棵绿色的小草。那棵小草还转眼间开出了一朵小红花。那朵小红花非常鲜艳，就像是专为他绽放一样。

他看着这朵美丽的小红花，即刻破涕为笑。

地球上有哪些超级大湖泊

怪博士又拿起一块巧克力放入口中,顿时有一股很甜美的感觉流遍全身。随后,他便有滋有味地嚼了起来。

看到怪博士吃巧克力,三个孩子的口水又流出来了。他们也各自拿了一块巧克力放到嘴里。大家补充了能量,都振奋起来。

吃完了巧克力,怪博士继续开讲。

地球上最大的湖泊是哪一个呢?它的名字叫"里海"。虽然名字中带有一个"海"字,但它只是一个大的内陆湖。

这个超级大湖是咸水湖,位于亚洲与欧洲的交界处,目前面积约37万平方千米。湖形狭长,最深处约1000多米。

它最早与黑海和地中海是相连的,同属古地中海。后来在地球的板块运动中,古地中海的面积不断地缩小,最终它便变成了一个独立的大湖。

那个大湖的资源也非常丰富,拥有大量的石油和天然气资源。

地球上最大的淡水湖,是苏必利尔湖。它位于北美洲的美国与加拿大交界处,面积约8.2万平方千米,最深处约406米。

中国也有一个非常大的淡水湖，它就是鄱阳湖。它位于长江中下游，面积 2933 平方千米。

而且那个大湖还特别秀美，在那儿生活着许多的黑天鹅、白天鹅和鸿雁等珍禽。中国濒临灭绝的长江江豚，有的就生活在那个地方。

三个孩子听到这儿，都对鄱阳湖产生了浓厚的兴趣。

人物冒泡

夏语非常喜欢黑天鹅和白天鹅。当她得知长江江豚也生活在鄱阳湖，就特别想去那儿看看。

她的脑海里浮现出这样一番景象：

她和云飞扬、章树叶一起去了鄱阳湖。他们在那儿看见了很多黑天鹅和白天鹅，那些天鹅都围绕着他们飞翔。

在他们面前的湖水中，还有十几只长江江豚聚集在那儿欢快地游动，就像是在欢迎他们的到来一样！

那个场景，真是美极了！

鄱阳湖候鸟

29 地球上有哪些超级大峡谷

地球上最长的大峡谷在哪儿呢？它就在非洲的东部，被称为"东非大裂谷"。

这条大峡谷，就像是被"天神"之剑狠狠地划出的一道巨大的伤痕。它全长大约6500千米，平均宽48~65千米，深达1000~2000米。

这条大峡谷是怎么形成的呢？

在3000多万年前，地球发生了一次局部的板块运动。在巨大的地核能量推动下，这一地区不断地被撕裂，从而形成了这条大峡谷。

这条大峡谷也是一条天然的蓄水渠道，大部分非洲的超级大湖泊，包括著名的阿贝湖、沙拉湖和图尔卡纳湖等，都集中在它的旁边。这条蓄水渠道，也成了非洲大地上众多野生动物极其重要的栖息地。

不过，地球上最深最险的大峡谷在中国，它就是雅鲁藏布大峡谷。它的最大深度，竟然达到了大约6009米。两侧的山体，都

29 地球上有哪些超级大峡谷

如斧劈刀削一样,无比险峻。人若走在这条大峡谷中,会有一种天将崩塌的感觉,好像自己会被瞬间埋掉一样。

这条大峡谷,也是因喜马拉雅山脉的地质运动和江水冲刷而形成的,全长504.6千米。

根据地质学家的考证,这条大峡谷,生长着种类极其繁多的野生动物和植物,是地球上生物多样性最为显著的区域,被誉为"生物资源基因库"和"天然植物博物馆"。

也因为这一地带的地质现象具有无与伦比的多样性,所以这儿还被称为"罕见的地质博物馆"。

三个孩子听到这儿,知道了地球上还有那样一道巨大的"伤痕";而最深最险的大峡谷,竟然就在中国!

人物冒泡

章树叶的脑海里浮现出这样一番景象:在怪博士的带领下,他们去雅鲁藏布大峡谷探秘。他们在那儿见到了许多从未见过的珍禽异兽,以及令人应接不暇、无比震惊的壮丽景观。他们还在实地考察中,学到了不少地理和生物知识,极大地拓宽了视野。

雅鲁藏布大峡谷

地球上有哪些超级大瀑布

地球上落差最大的瀑布是哪一条呢？它的名字叫安赫尔瀑布。它位于委内瑞拉境内的一处高山密林中，那儿地貌非常奇特，犹如仙境。

那条瀑布气势磅礴，雄伟壮观。最大落差，竟然达到979米，真可谓"疑似银河落九天"！

而且那条瀑布上面，还经常出现七色彩虹，无比美丽与奇幻！

关于那条瀑布的发现，也有一个很有趣的故事。

相传在几十年前，有一位资深的美国探险家，向一位美国飞行员讲述他的寻宝故事。他说他知道一个大秘密：在委内瑞拉的一处无人知晓的密林中，藏有一条有很多黄金的小溪。

那位飞行员名叫詹姆斯·安赫尔，他非常相信那位探险家的话。在那位探险家的请求下，詹姆斯·安赫尔用飞机送他去了委内瑞拉，并找到了那条小溪，还真在那儿捞出了不少黄金。

那位探险家要詹姆斯·安赫尔保守这个秘密，不能将那个地方告诉任何人。詹姆斯·安赫尔也爽快地做出了承诺。

他们回到美国后,那位探险家不久就病逝了。詹姆斯·安赫尔又于1937年10月9日单独驾驶飞机来到了委内瑞拉。他在寻找那条小溪时,竟然意外地发现了那条大瀑布。

可不幸的是,后来他的飞机出了事故,机毁人亡。人们为了纪念他,便将那条大瀑布命名为安赫尔瀑布。

不过,地球上最宽的大瀑布,是位于巴西与阿根廷交界处的伊瓜苏大瀑布。这条大瀑布呈马蹄形,宽度达4000米,落差62~82米。

中国最大的瀑布是黄果树瀑布。它位于中国贵州省镇宁布依族苗族自治县境内,宽81米,落差74米。

三个孩子听到这儿,都非常想去参观那些大瀑布。

伊瓜苏大瀑布

人物冒泡

云飞扬的脑海里浮现出这样一番景象：

他们三个孩子在怪博士的带领下，去参观地球上最宽的伊瓜苏大瀑布。章树叶不顾劝阻，非要跑到大瀑布边上去拍照，结果一不小心，掉到大瀑布里面了。

他被吓得魂飞魄散，哇哇狂叫，好在很快就被那儿的救生队员救了起来。他被挂在一架直升机的拉钩上拉出了水面，全身湿漉漉的，经风一吹便瑟瑟发抖。他紧紧地抱着那个拉钩，就像只可怜兮兮的猴子一样。

31

地球上有哪些地震多发地带

地震是一件特别可怕的事情,几乎每次大地震,都会造成重大的人员伤亡:1923年日本关东大地震,大约有10万人失去性命;1976年中国唐山大地震,24.2万多人失去性命;1988年亚美尼亚大地震,毁坏了三座城市,大约有5.5万人失去性命;2008年中国汶川特大地震,约6.92万人失去性命……

地球每年平均会发生多少次地震呢? 这个数字说出来很吓人:大约有500万次。

不过绝大多数的地震,都是轻微地震,人类是很难感觉到的。只有一些较大的地震,才会对人类造成灾难。

科学家将地震强度分成了10级,凡是5级以上的地震,都称为强烈地震。

地球上有哪些地方经常发生地震呢?

要弄清楚这个问题,首先得了解地球的板块构造。因为地震的发生,可能都与地球的板块构造有关联。

现在地球上共有六大板块,即太平洋板块、亚欧板块、非洲板

31 地球上有哪些地震多发带

块、美洲板块、印度洋板块和南极洲板块。大部分大地震，都发生在这六大板块的交会处，由此形成了三条地震带：

第一条是环太平洋地震带。这条地震带，主要分布在太平洋的大陆与岛屿的边缘地区，全长大约4万千米。

这条地震带呈马蹄形，环绕着太平洋沿岸，跨越了五大洲几十个国家，是地球上规模最大的一条地震带。地球上绝大多数的大地震，都发生在这条地震带上。中国台湾也处在这条地震带上。

第二条是喜马拉雅山脉与地中海的地震带，全长大约2万千米。地球上大约有15%的大地震，都发生在这条地震带上。中国的云南、西藏和四川，也处在这条地震带上。

第三条是洋脊地震带，它是沿着海底的山脉分布的，其中包括太平洋、大西洋和印度洋中的海底山脉。它从西伯利亚北部海岸开始，横穿北极，跨越冰岛；然后经大西洋中部延伸至印度洋，再分为两小支，一支伸向非洲的东非大裂谷，一支伸向北美洲的落基山脉。

三个孩子听到这儿，对地球上的地震带有了很深刻的了解：原来地球上主要分布着三条地震带。

地震灾害

人物冒泡

云飞扬想：地球上有这么多大地震，有什么办法可以防灾减灾呢？

他的脑海里浮现出这样一番景象：

他通过刻苦学习，发明了一种用特殊材料建造的智能房屋。这种房屋有很多神奇的功能，能够自行移动，还能对很多灾害提前发出预警。地震震不倒它；泥石流冲不倒它；即便遇到大水，它也能漂浮在水面上。有了这种房屋的保护，人们就能避免很多的灾难。

地球上 5 个很神奇的地方

地球上有 5 个神奇的地方。第一个是圭亚那高原。它位于南美洲的东北部，跨越了圭亚那、哥伦比亚、委内瑞拉、苏里南、巴西等多个国家，总面积大约 120 万平方千米；地质年龄大约有 18 亿年；是地球板块运动中，最早从水中冒出的一批火山岩体。

那个高原，是由 100 多座高高的平顶山组成的。那些山体极其奇特，周围都是悬崖峭壁，非常险峻。山顶上面，却像是被神斧削平了一样，竟然是一块块平地。

其中有座最大的山，叫罗奈马山。那座山顶更加平坦宽阔，仿佛是一个巨大的停机坪。那种古怪的地形地貌，恍若是另一个世界。当地的人称那个地方为"上帝的家"，或"梦中的天堂"。

在那些山体的周围，还生长着大片的热带雨林。每到雨季，几乎天天都是电闪雷鸣，大雨滂沱。雨后又会出现大量的云雾。在云雾缠绕当中，那些山体时隐时现，显得更加梦幻。

英国的侦探小说家柯南道尔，还以那个地方作为背景，写了一部著名的小说《失落的世界》。在那部小说中，描述了一位脾气火爆的教授，率领一支探险队深入那片平顶山区，在那儿发现了很多的史前恐龙和凶狠的猿人，最后他还捕获了一只翼手龙带回到伦敦。

这部小说也为那个地方增添了不少的神秘色彩。

圭亚那高原

第二个是中国的张掖丹霞地貌。它位于中国甘肃省张掖市临泽县以南的 30 千米处。那是一片特别奇妙的丹霞地貌地带，总面积大约 536 平方千米。其中的七彩丹霞地貌，大约有 200 平方千米。冰沟丹霞地貌，大约有 300 平方千米。

那片丹霞地貌，为鲜艳的丹红色和红褐色，主要是由色彩鲜艳的砂砾岩构成，大约形成于 2 亿年前。这一特殊地貌沿着一条小

32 地球上5个很神奇的地方

河分布在两岸的上千座山峦中，总体规模非常宏大，且兼有雄、奇、险、幽等特点。

那片丹霞地貌还分成了南北两大群落。北群以清晰的纹理见长，南群以艳丽的色彩称奇。并形成了许多的奇观，有七彩峡、七彩塔、七彩屏、七彩湖和七彩大扇贝等。真可谓是千山相连，万岭争艳，气势磅礴，妙不可言。当地人称那儿为"阿兰拉格达"，意为"红色的山"。

那儿似乎是一座天然的颜料宝库，仿佛世界上的一切色彩，都源自那座宝库。那儿是中国最神奇的地方之一，也是世界上丹霞地貌发育最完美、造型最奇特、色彩最斑斓、区域最广阔、感觉最奇幻的地方。

甘肃张掖丹霞地貌

土耳其棉花堡

只要踏入那个地方，就如同进入了一个光怪陆离的七彩世界，会让人油然地产生一种无比喜悦的心情。

第三个是土耳其的棉花堡。它位于土耳其代尼兹利市的北部，是一座奇幻般的天然温泉山丘。

那座山丘高度约160米，坡长约2700米，整体都是纯白色，就像是有人在上面堆了一层厚厚的棉花。

在这座山丘上，还有很多的天然水池。那些水池如玉盘一样，错落有致地排列开来。碧蓝的温泉漫过那些水池，就像是天上的

琼浆玉液，流淌到了人间一样。

在金色的夕阳照耀下，那儿还会幻化出另外一番景致。那座山丘很像一朵圣洁的莲花灿烂地绽放，宛如仙境一般。

那儿的云海也非常奇妙，有时竟会闪烁出孔雀蓝的光泽。

那儿是一处世界上极其少见的地理奇观，是世界上最神奇的地方之一，也是人们最值得前往参观的地方。

那儿还有个美丽的传说：相传有个叫安迪密恩的牧羊人，他为了与希腊月神幽会，竟然忘记了挤羊奶，结果导致羊奶恣意横流，盖住了那座山丘，让它变成了这个模样。

那儿是享誉盛名的温泉胜地。大约在公元前几百年，那儿就建立了最早的温泉场。至今那儿还留存着一些古城堡、古浴场、古竞技场和古剧场等遗迹。

第四个是撒哈拉之眼。它位于非洲撒哈拉沙漠西南的毛里塔尼亚境内，是一个由沙子和泥土构成的巨大凹底。

这个凹底形状非常奇特，就像是一只睁得圆圆的大眼睛，神秘地凝视着天空。

这只大眼睛有多大呢？它的直径大约有48千米，堪比一座大城市。只有乘飞机飞到高空，才能看清它的全貌。

这儿是世界上独一无二的沙漠奇观，也是世界上最神奇的地方之一，还是世界上一个至今都未解开的地理之谜。

撒哈拉沙漠之眼

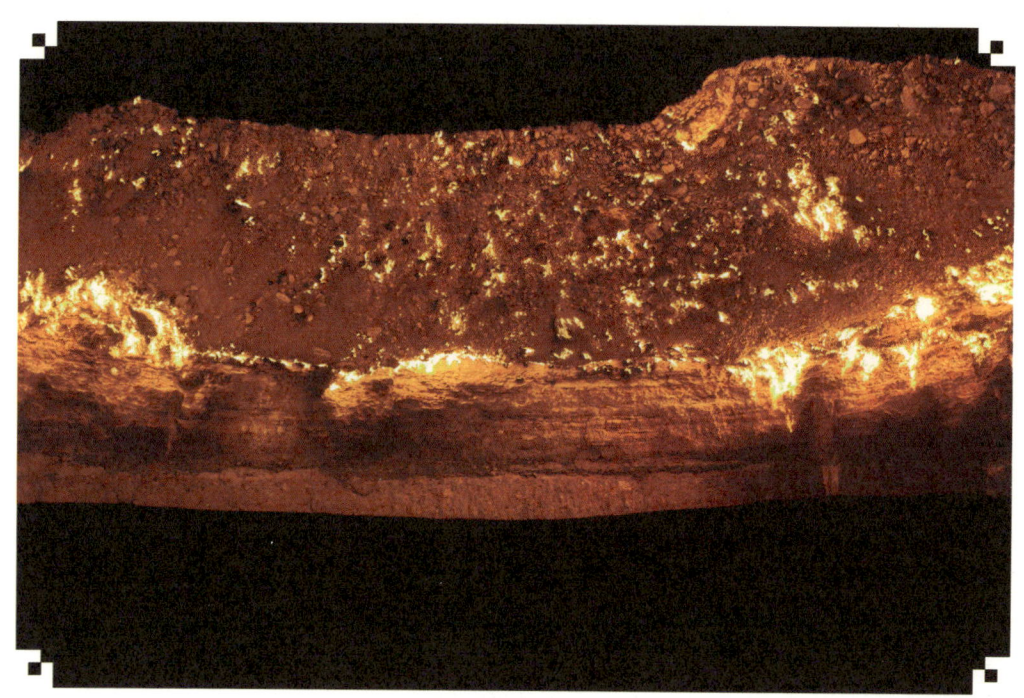

地狱之门

第五个是地狱之门。它位于土库曼斯坦境内的卡拉库姆沙漠腹地，直径大约70米。

它的出现也很诡异。1971年，苏联的一些地质专家曾在那一地区勘探地质。当时那儿发生了塌陷，形成了这个大坑。

由于坑内有大量的天然气泄漏，为了避免发生爆炸，于是地质专家就在那儿点了一把火。没有想到那把火，竟然连续燃烧了50年，直到今天也没有熄灭。

现在人们很难靠近那个大火坑，因为坑内散发的热气流，会瞬间将人灼伤。由于已无法熄灭那坑内的大火，所以那儿被人们称为"地狱之门"。

我们每时每刻都在飞行

我们再来讲个有趣的话题。或许每个人都曾有过这样的幻想：希望自己能像鸟儿一样飞起来！

其实这个幻想我们早就实现了。只是我们不是像鸟儿那样飞行；但我们的飞行速度，可比鸟儿快多了。

为什么这样说呢？因为地球每天都载着我们在飞行，即便我们现在坐在这儿没有动，我们的飞行却从未停止。

我们还不是朝着一个方向飞行的，而是以一种让人眼花缭乱的奇怪路线在飞行。

我们到底是以什么样的路线向前飞行的呢？飞行速度又有多快呢？关于这个问题，我们来好好捋一捋。

地球载着我们环绕太阳飞行的速度，大约是 30 千米 / 秒。

太阳系载着我们地球，环绕着银河系中心飞行的速度，大约是 250 千米 / 秒。

银河系还载着太阳系，奔向宇宙中的一个神秘区域，就是那个叫"巨引源"的地方，速度大约是 600 千米 / 秒。

33 我们每时每刻都在飞行

如果把这些飞行的方向描绘出来，便能看出我们飞行的是什么线路。如果把这些飞行速度叠加起来，就能知道我们每秒飞行多少千米了。

为什么地球载着我们以如此之快的速度飞行，也不会把我们甩出太空呢？

那是因为有地球引力的保护，我们才能安然无恙。

再说，地球与太阳之间，太阳系与银河系之间，以及太空中所有的星球之间，都达到了一种天体在高速运行中的完美平衡。所以任何一方，都不会被甩出轨道。

三个孩子听到这儿，都觉得宇宙太奇妙了：原来大家每天都在太空中飞行！如果按那些数据计算，每个人都可能飞行了无数千米了！

太阳系

人物冒泡

章树叶想,他从小就幻想着自己能像鸟儿一样飞起来,没想到自己真的每天都在"飞行"。

他的脑海里浮现出这样一番景象:

怪博士制造了一架智能飞机,它能够像鸟儿一样自由升降,不需要任何机场。怪博士每个星期天,都驾着那架智能飞机,载着他们三个孩子在天空中飞行。有一天,他们飞过位于湖北省西部的神农架时,竟然发现有几个野人,在向他们招手示意。

地球未来将会怎样

我们的地球,未来会变成什么样子呢?可能会变得非常可怕!

根据科学家推断,地球的寿命大约只有90亿年,现在已经过去了大约46亿年,还剩下大约44亿年。

但是地球上的所有生物,可能会在地球的寿命终结之前,就在一系列的大劫难中全部消亡。

这是为什么呢?因为地球的寿命,完全受控于太阳,会随着太阳的变化而变化。那么太阳未来将会有哪些变化呢?

正如上周在宇宙知识课中所讲的那样,太阳会在大约20亿年后,发生一些巨大的变化。那时太阳内部的氢元素,大部分已被耗尽。太阳开始发生膨胀,热量迅速增高,这可能会使地球的表面温度,再增高40~50℃。到时地表的平均温度,可能会达到60~70℃。

在那样的高温烘烤下,地球上的所有冰雪将全部消融,液态水将全部蒸发。地球会变成"人间炼狱",遍地都似烈火烧烤,所有生物都难以生存。

34 地球未来将会怎样

30亿~40亿年后，太阳可能会膨胀到现在的100~200倍，并变成一颗红巨星。它会将身边的水星和金星，甚至地球都吞噬掉。

即便地球能逃过那一劫，也会在太阳强大作用力的影响下，失去所有的磁场和大气。没有了那些磁场和大气，地球上所有的生命都会消亡。

大约到了50亿年后，太阳将耗尽全部能量，开始出现整体崩塌；最后，可能会变成一颗白矮星，直至消亡。

那个时候，地球即使依然存在，也会因为失去了太阳的引力，从而偏离原有的轨道。它可能会冲向太空，成为一颗流浪星球，在太空中漫无目的地游荡。它或许会在撞击其他星球时消亡，也或许会在土星和木星的引力撕裂中毁灭。

三个孩子听到这儿，都感到非常害怕：原来地球的未来命运，可能会是这样的！

人物冒泡

云飞扬想：有什么办法可以拯救地球呢？

他的脑海里浮现出这样一番景象：全世界的科学家通力合作，终于在地球遭受毁灭的前一刻，研究出了一种巨能机器；这种机器可以推动地球飞离太阳系，飞到宇宙中的一个安全地带，从而让地球继续孕育各种生命。

故事后的故事

怪博士讲到这儿,关闭了面前的手提电脑,说道:"关于地球上的知识,讲到这儿就全部结束了。要说明一点,我刚刚讲的很多知识,是目前一些科学家的科学论点,并不一定是唯一的、准确的科学结果,需要进一步地研究与证实。

"另外,如果你们还想知道关于人类的知识,我会在下周六同一时间的课堂上等候大家。到时,我会将人类是怎么出现的,人类经历了哪些演化过程,人类为什么会变成现在的样子,人类有哪些神奇的地方,以及人类未来将会怎样等许多与人类相关的知识讲给你们听。你们说,好不好?"

三个孩子听完,都非常高兴,一个劲儿地拍手叫好。

事情就这样定下来了。怪博士拿起电话,通知云飞扬的爸爸来接三个孩子回家,愉快的地球知识课堂,到此结束。

附录

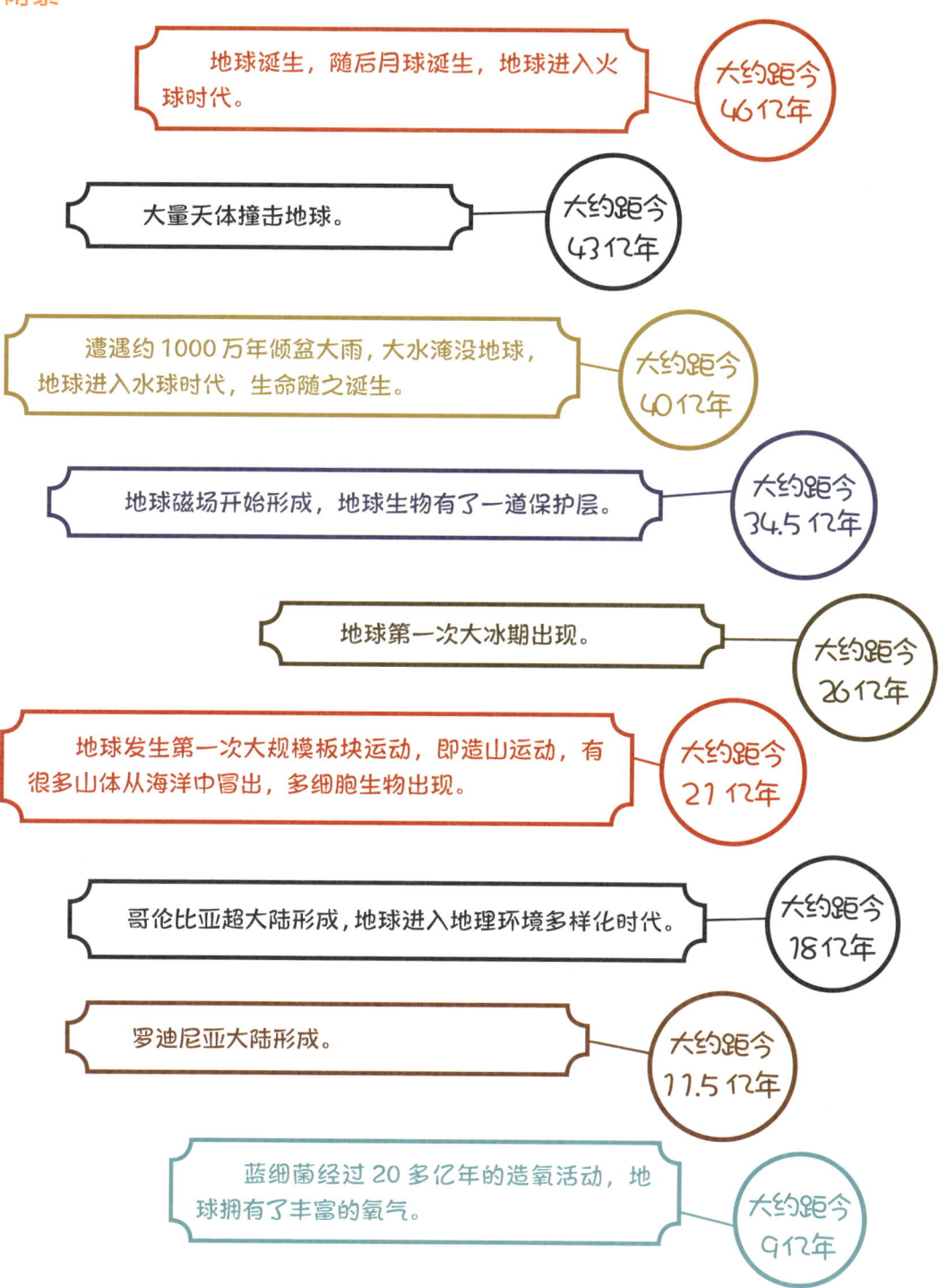

- 地球诞生，随后月球诞生，地球进入火球时代。 —— 大约距今 46 亿年
- 大量天体撞击地球。 —— 大约距今 43 亿年
- 遭遇约 1000 万年倾盆大雨，大水淹没地球，地球进入水球时代，生命随之诞生。 —— 大约距今 40 亿年
- 地球磁场开始形成，地球生物有了一道保护层。 —— 大约距今 34.5 亿年
- 地球第一次大冰期出现。 —— 大约距今 26 亿年
- 地球发生第一次大规模板块运动，即造山运动，有很多山体从海洋中冒出，多细胞生物出现。 —— 大约距今 21 亿年
- 哥伦比亚超大陆形成，地球进入地理环境多样化时代。 —— 大约距今 18 亿年
- 罗迪尼亚大陆形成。 —— 大约距今 11.5 亿年
- 蓝细菌经过 20 多亿年的造氧活动，地球拥有了丰富的氧气。 —— 大约距今 9 亿年

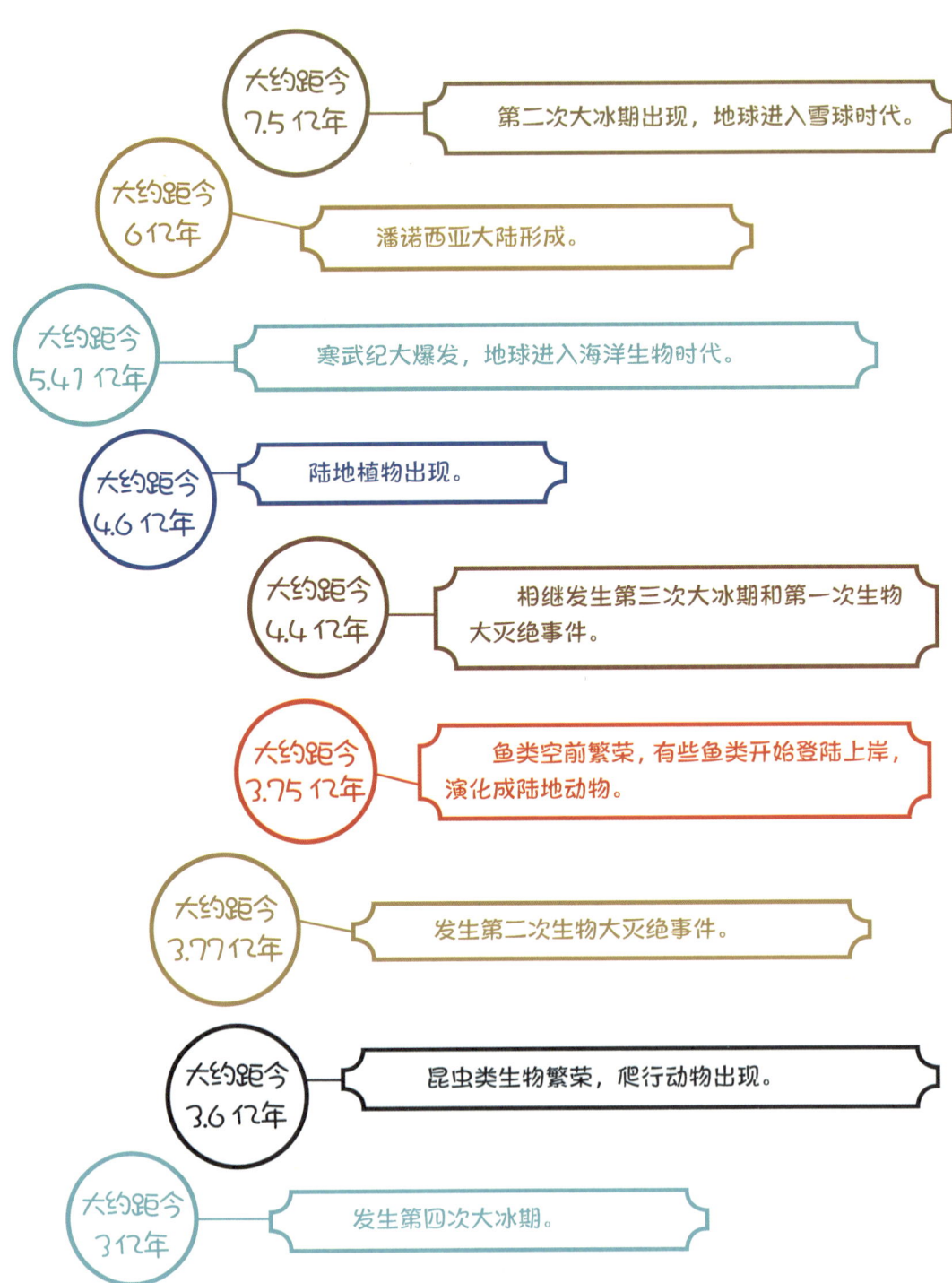

- 盘古大陆形成，并发生第三次生物大灭绝事件。 —— 大约距今 2.51 亿年

- 发生第四次生物大灭绝事件。 —— 大约距今 2 亿年

- 盘古大陆开始破裂，经过 1 亿多年的板块运动，地球变成今天的模样。 —— 大约距今 1.5 亿年

- 发生第五次生物大灭绝事件，恐龙消亡。 —— 大约距今 0.65 亿年

图书在版编目（CIP）数据

孩子能看懂的宇宙简史 / 魏异君著 . —— 武汉：长江少年儿童出版社，2023.10
（我们从哪里来·科学探索书系）
ISBN 978-7-5721-2383-2

Ⅰ.①孩… Ⅱ.①魏… Ⅲ.①宇宙 – 少儿读物 Ⅳ.①P159-49

中国国家版本馆CIP数据核字(2023)第096963号

WOMEN CONG NALI LAI·KEXUE TANSUO SHUXI
我们从哪里来·科学探索书系
HAIZI NENG KAN DONG DE YUZHOU JIANSHI
孩子能看懂的宇宙简史

出 品 人：	何　龙
策　　划：	何少华　傅　篪
责任编辑：	陈晓蔓
责任校对：	张　璠
出版发行：	长江少年儿童出版社
责任印制：	邱　刚
业务电话：	027-87679199
网　　址：	http://www.hbcp.com
印　　刷：	武汉新鸿业印务有限公司
经　　销：	新华书店湖北发行所
版　　次：	2023年10月第1版
印　　次：	2023年10月第1次印刷
开　　本：	720毫米 × 950毫米 1/16
印　　张：	7.125
书　　号：	ISBN 978-7-5721-2383-2
定　　价：	36.00元

本书如有印装质量问题，可向承印厂调换。

人物介绍

云飞扬

男生，12岁，高鼻梁。他出生时，爸爸梦见从水中飘起一团雾气，升到天空形成一团彩云，然后随风飞扬。他爸爸醒来后，便给他取了这个名字。他爸爸是希望他能像那团彩云一样自由活泼。他也的确很活泼，而且思维飞扬，求知欲极强，还超级爱幻想。只是他行为莽撞，是个急性子。

夏语

女生，12岁，聪明漂亮，有一双特别大的眼睛。她是云飞扬不打不相识的同桌，两人从一年级斗到了六年级，现在却成了好朋友。她也对未知的事情充满好奇，并且热爱学习。

怪博士

男性，近60岁，"地中海"发型，温文尔雅，是位物理学博士。他从事天文、地理和人类学等方面的研究，工作严谨，思维缜密。他对小朋友也特别友好；他非常幽默，爱说笑话，但行为有些异于常人。

章树叶

男生，12岁，是云飞扬的"死党"。他妈妈特别喜欢樟树，便给他取了这个很特别的名字。他身材高大，却胆小怕事，不爱说话。后来在云飞扬的带动下，他开始变得自信起来。

目录 CONTENTS

故事前的故事 / 1

① 不可思议的宇宙诞生过程 / 7

② 开始产生最初的物质 / 11

③ 从黑暗寒冷中创造星球 / 16

④ 神奇而美妙地组建星系 / 19

⑤ 银河系开始形成 / 24

⑥ 太阳系的诞生 / 29

⑦ 宇宙现在有多大 / 32

⑧ 为什么星球飘在太空不掉落 / 35

⑨ 宇宙中真是那么安静吗 / 39

⑩ 宇宙中有哪些天体结构 / 42

⑪ 如何去区分宇宙中的星球 / 45

⑫ 能吞噬一切的黑洞是什么样子 / 52

⑬ 宇宙中可能存在的"虫洞" / 56

⑭ 太阳为什么那么明亮 / 59

⑮ 神秘的水星上有什么 / 63

⑯ 金星上有什么 / 67

⑰ 充满悬念的火星上有什么 / 70

⑱ 望而生畏的木星上有什么 / 74

⑲ 土星上有什么 / 80

⑳ "懒"得出奇的天王星上有什么 / 84

㉑ 恰似蓝宝石的海王星上有什么 / 87

㉒ 神秘的极光是怎么产生的 / 91

㉓ 美妙的流星雨来自何方 / 94

㉔ 宇宙中真有外星人吗 / 99

    故事后的故事 / 102

    附录 / 103

从宇宙起源，
到地球诞生，
再到人类出现。

　　本套书将世界各国科学家的发现与研究，以孩子们喜闻乐见的方式，进行系统的诠释，让孩子们在阅读中，对深奥的科学知识能读得懂，学得进，记得住，能全面地了解浩瀚而神秘的宇宙，破解星空与地球的密码，知晓我们是从哪儿来的。

　　谨以此书，向那些为人类做出过巨大贡献的科学家、学者和相关人士，致以最崇高的敬意！

　　感谢中国科学院院士、中国月球探测工程首任首席科学家、发展中国家科学院院士、国际宇航科学院院士欧阳自远先生，为这套书的部分内容提出了专业指导意见！

故事前的故事

云飞扬今早去学校上课时，偶然从公交车上的视频中，看到市里一位叫怪博士的人在讲宇宙知识。

怪博士虽然讲的时间不长，但是讲得特别有趣。云飞扬瞬间就被那些奇妙无比的宇宙知识所吸引。

一到学校，他便将此事告诉了夏语和章树叶。没想到，他们俩对这些知识也非常感兴趣。他们都想知道，宇宙中到底隐藏着多少秘密。

云飞扬突然萌生了一个大胆的想法，要去找怪博士给他们讲宇宙知识。他把这个想法告诉夏语和章树叶，得到了两人的积极响应。

云飞扬是个很执着的人，他要做的事情就会努力去尝试。下午放学回家，他便把这个想法告诉了爸妈。云飞扬的爸妈见儿子有这样强烈的求知欲望，都非常高兴。

云飞扬的爸爸也是个急性子，随即通过网络找到了怪博士，并登门拜访。

怪博士听说是要给孩子们讲课，却不肯答应。理由是他只会给大人讲课，还从未给孩子们讲过课。他怕没经验，讲不好。

但在云飞扬爸爸的再三恳请下，怪博士终于松了口。

巧的是，怪博士同样也是个急性子，一旦答应了，就绝不会拖延。他立即决定这个周六上午就给三个孩子讲宇宙知识。

不过，怪博士提了两个要求：一是孩子们周六上午8点钟必须准时到达他的科研所，不许迟到；二是孩子们必须认真听讲，认真做笔记，不能自由散漫、马虎了事。

云飞扬的爸爸回来后，如实地将这些要求告诉了云飞扬和云飞扬的妈妈。妈妈听后开心地笑道："这两个要求一点儿也不过分。我还有一个建议，你们带一些好吃的零食去，一是为了活跃气氛；二是在关键时刻能帮你们提提精神。"

云飞扬觉得妈妈分析得很有道理，心中也有数了。

第二天一到学校，他就把这个好消息告诉了夏语和章树叶，他们俩听后也非常高兴。大家还一起商量，带什么好吃的零食去。

夏语觉得，世界上最好吃的零食，莫过于南酸枣糕，那酸酸甜甜的味道，真是让人回味无穷。她决定带南酸枣糕给怪博士。

章树叶觉得，世界上最好吃的零食，是麻辣牛肉粒，既有好味道，又有嚼劲。他决定带麻辣牛肉粒给怪博士。

云飞扬却觉得，世界上最好吃的零食，是桃酥饼，只要咬上一口，就会满嘴酥香。所以他决定带桃酥饼给怪博士。

到了周六这天，云飞扬的爸爸一大早就带着云飞扬，开车接上夏语和章树叶，一起来到了怪博士的科研所。

他们比约定的时间早到了10分钟，这也是云飞扬的妈妈要求

故事前的故事

的。妈妈说与人相约,至少要提前10分钟到,这是出于礼貌和尊重。她还提醒三个孩子,都要穿戴整齐,保持良好的精神面貌。

他们到达后还不到5分钟,便见科研所的大门徐徐地打开了。只见一位约莫60岁的儒雅男士,穿着一身笔挺的中山装,从大门里面走了出来。

见到此人,云飞扬的爸爸赶忙走上前去喊道:"唐博士早!我们都到了!"

听到云飞扬的爸爸喊唐博士,三个孩子才知道怪博士姓唐,于是都一起喊道:"唐爷爷,您早!"

怪博士见到他们,也笑道:"你们都提前到了,我就喜欢有时间观念的人。"

他又对云飞扬的爸爸说:"您可以先回去,因为我今天只给三位孩子讲课,不准大人旁听。我讲完课,会打电话叫您来接他们回去。"

云飞扬的爸爸应道:"行,我听您的安排!我这就回去。"

他回头嘱咐三个孩子:"你们在这儿认真地听唐博士讲课,多学点儿知识,待会儿我再来接你们啊!"

三个孩子纷纷点头答应,向他道别。

云飞扬的爸爸走后,怪博士带着三个孩子走进科研所,来到了一间房间。

这个房间里有张椭圆形的大桌子,边上放着一圈椅子,是间小会议室。桌上还有一台笔记本电脑,电脑线连着墙上的一面银幕,

银幕上显示着几个大字——宇宙有哪些神奇的事儿？

云飞扬心里想道：原来怪博士是位非常认真的人，他竟然来得比我们还要早，还在这儿做了这么多的准备！

怪博士坐在那台电脑前，示意三个孩子坐到他的对面。

三个孩子忙将带来的东西送到怪博士面前。

"唐爷爷，我给您带了我最爱吃的南酸枣糕。"夏语递来一包南酸枣糕。

"唐爷爷，我给您带了最好吃的麻辣牛肉粒。"章树叶递来一包麻辣牛肉粒。

"唐爷爷，我给您带了最好吃的桃酥饼。"云飞扬递来一包桃酥饼。

怪博士看着这些零食，心里非常高兴。

他毫不客气地乐呵呵地收下了："谢谢你们给我带来这么多好吃的。请你们先坐下，我要宣布课堂纪律。从现在开始，你们可以叫我唐爷爷，也可以叫我怪博士。你们都不用太拘束，要活跃一些。你们有什么问题，或者有什么没听懂的地方，我每讲完一段知识后，就可以提问。但不许调皮捣蛋，随意走动。"

三个孩子都点头说好。

随后怪博士又道："为了活跃气氛，我们先来做个游戏。大家比赛扮鬼脸，看谁扮得最好玩，你们同意吗？"

听说要做这样的游戏，三个孩子都笑了起来，表示愿意参与。

于是怪博士喊道："一，二，三！开始！"

故事前的故事

四个人同时扮起了鬼脸。

章树叶鼓起腮帮子,扮了一张青蛙脸。

夏语将嘴唇吸成了"8"字形,瞪着一双大眼睛,两粒黑黑的眼珠滴溜溜地转动,很像变形机器人。

云飞扬将头发拨弄得竖立起来,还吐出舌头,一副搞怪的模样。

怪博士把眼角耷拉着,又把嘴巴抿得瘪瘪的,将脸部挤得全是皱纹,就像一位远古的老人。

四人扮着鬼脸,然后你看看我,我看看你,看着看着,都笑了起来。

这个游戏真起作用,一下子就把现场的气氛调动了起来。现在他们彼此之间,不再是之前的那种生分和拘束,大家就像是很熟悉的朋友一样了。

三个孩子此时也觉得,原来怪博士一点儿也不怪,竟然是这么的风趣幽默、和蔼可亲。大家都对他有了一种很亲近的感觉。

怪博士收住笑容,然后清清嗓子说道:"大家都安静下来,我要开始讲课了。根据你们的要求,我今天就给你们讲宇宙知识。"

三个孩子都拿出笔和本子,准备做笔记。

不可思议的
宇宙诞生过程

怪博士敲着键盘,更换了银幕上的内容,正式开始讲课了。

我们这个世界中的一切物质,都是从无到有、从小到大、从生到死的。即便是浩瀚的宇宙,也是如此。

世界上的一切事物,都是从有了宇宙之后,才开始出现的。所以宇宙的诞生,是这个世界的开端。

宇宙是从什么时候、以什么样的方式诞生的呢? 这还得从非常久远的时候说起。

在最早的时候,那时还没有宇宙,更没有星球,只有一个极其微小的物质点,在一种极为奇特的原始状态中,以一种极快的速度孤独地自旋。

大约在 138.2 亿年前,当那个物质点变化到体积无限小、密度无限高、能量无限大,各方面都达到最大限值的"奇点"时,突然发生了大爆炸。大爆炸瞬间所产生的高温,达到了 1.417×10^{32} 开尔文。那是宇宙中出现的最高温度,也叫"普朗克温度"。

大爆炸的能量爆发,使那个极小的物质点,以超光速向外膨

胀。没过多久，它就膨胀到银河系那么大。自此，我们的宇宙诞生了，并开始有了无限的空间、时间、物质和能量。

非常奇妙的是，奇点大爆炸的最初阶段，可能没有亮光，因为那时光子还没有出现。它可能是以一种能量爆发的方式爆炸的，也可能是以别的我们无法想象的方式爆炸的。直到几秒钟后，亮光才出现。

宇宙中的事物奥妙无穷，我们很难用常规思维去理解。

更令人惊奇的是，那次大爆炸过去了这么多年，直到今天，宇宙的膨胀也没有停止，而且速度依然特别快。

那个能产生如此威力的奇点，又是怎么形成的呢？

它可能是在最原始状态中积蓄的天然高能量，通过聚合浓缩而形成的。

它也可能是上一个宇宙到达生命末期，所有物质被一个巨大黑洞吞噬，然后通过撕裂、挤压和浓缩而形成的。

最早提出奇点大爆炸理论的，是比利时天文学家勒梅特。后来，这个理论经美国科学家伽莫夫等人修改完善，形成大爆炸宇宙模型，成为现代宇宙学中影响最大的一种学说。

发现宇宙至今仍在快速膨胀的，是美国著名天文学家埃德温·哈勃。他通过观测仪器，观测到了"星系红移现象"，也就是发现有许多星系正在快速地远离地球。那些越遥远的星系，远离地球的速度也越快。这一发现，更加证实了大爆炸宇宙模型的

真实性。

虽然关于宇宙诞生还有别的推断,但大爆炸宇宙模型,是最被众多科学家认同的一种,并且他们也找出了非常多的理论依据。

什么是开尔文温度呢? 开尔文温度是从"绝对零度"起算的温度。科学家把 -273.15℃定为宇宙中的最低温度,也叫绝对零度。

听到这儿,三个孩子都对宇宙的诞生和膨胀过程感到惊奇。他们都被这些奇妙的知识深深地吸引,一边竖起耳朵静静地聆听,一边认真地做笔记。

人物冒泡

云飞扬想:宇宙是由一个极小的物质点发生大爆炸而产生的。现在眼前的空气中也飘浮着很多微小的物质,这些物质会不会发生大爆炸,再创造出一个地球呢?

他脑海里浮现出这样一番景象——眼前有颗微小的物质真的发生了大爆炸。可是不仅没有再创造一个地球,还把他震飞到空中了。他望着越来越远的地面,心中害怕极了,大叫起来:"我不想被摔成肉饼啊……"

没有想到的是,他竟然真的喊出了声音,引得夏语和章树叶都笑话他。

 注 释

1. 勒梅特(1894—1966),比利时天文学家,最先提出宇宙大爆炸理论。
2. 埃德温·哈勃(1889—1953),美国著名天文学家,研究现代宇宙理论最著名的人物之一,是河外天文学的奠基人和提供宇宙膨胀实例证据的第一人,也是星系天文学的创始人和观测宇宙学的开拓者,被称为"星系天文学之父"。

② 开始产生
最初的物质

2

开始产生
最初的物质

奇点大爆炸后，宇宙又有哪些变化呢？

随着大爆炸高能量的不断爆发，宇宙在第 1 秒内就产生了无比之多的炽热稠密混合物质。那些炽热稠密混合物质，是由宇宙中最早出现的基本粒子组成的，它们中有夸克和胶子等。随着宇宙的不断膨胀，这些炽热稠密混合物质也不断地增加和扩散。可以说，宇宙膨胀到多大，就能产生多少这样的物质，去填充那些扩大的空间。

大约在大爆炸 3 秒钟后，那些炽热稠密混合物质中，又产生了中子、质子和中微子等一大批其他基本粒子。从此，宇宙开启了粒子时代。

今天宇宙中一切可见的物质，无论是星球、星云，还是地球上所有的植物和动物，都是由这些粒子构建出来的。可以说，是粒子构建了我们的世界。

我们人类也是由粒子构建的。

非常奇妙的是，这些粒子在产生时，都会同时出现一个反粒

子。而且正反粒子只要一碰面，就会发生相互碰撞，然后又在释放光和更大的能量中同时消亡。科学家将这种消亡，称为湮灭。

在当时的宇宙中，到处存在着这样的湮灭现象。幸好宇宙在持续的能量转化中，不断地创造出粒子。所以尽管有无数的粒子湮灭了，但宇宙中的粒子并没有因此而全部消亡。

粒子以这样的方式湮灭，也不是没有意义的。因为它们在这个过程中，不仅为宇宙提供了更多的能量，还为宇宙创造出了一种新的物质，那就是光子。光子的出现，不断为宇宙增添光彩。

大约在9秒钟后，宇宙成了光子的世界。那时的宇宙，才开始变得亮起来。

大约在3分钟后，宇宙空间已膨胀到非常大了，温度也开始下降。那时在宇宙中，又突然发生了一件惊人的事情——核聚变效应出现，从而又为宇宙创造了氢、氦、锂等新元素。

大约在17分钟后，核聚变又突然停止了，新的物质产生也暂时停止了。

随着宇宙的不断膨胀，宇宙的温度一直在下降。但那时宇宙的温度仍然很高，在那样的高温中，所有粒子的性能都很不稳定，尽管它们又创造出了原子核，却难以结合成原子。那时的粒子，要么是在相互碰撞中湮灭，要么是在空中自由地飞散。

大约7万年后，宇宙膨胀得更大了。当时的温度，下降到大约10000℃。那时的粒子又开始发生新的变化，竟然有了引力作

② 开始产生
最初的物质

用。而且那个时候,宇宙中还出现了暗物质,从此宇宙变成了浓稠黝黑的状态。

大约在 38 万年后,由于宇宙有了更大程度的扩张,温度也有了更大幅度的下降,大约只有 3000℃。在这个温度下,粒子的性能得到改善,变得稳定多了,它们能够俘获电子,从而开始结合成带有电荷的原子。

又过了几万年,新的物质产生开始跟不上宇宙膨胀的速度,宇宙空间渐渐变得空旷、暗淡下来。在这期间,宇宙温度出现了快速下降,降到 0℃以下。从此,宇宙进入一段持续两亿多年的黑暗寒冷时期。

在这个时期,宇宙的膨胀速度也突然变慢了,以前都是超光速,现在却变得与光速差不多了。

此时还发生了一个变化——反粒子开始减少。这个奇妙的变化,给宇宙带来了一个天大的好处,那就是很多的正粒子可以永远地留下,使得创造更大的物质成为可能。

最终,宇宙当中,创造出了一片片无比巨大的星云。

有了星云就更不一样了,从此宇宙有了巨大的天体结构。这些结构将会彻底改变宇宙的空间形态,创造出无数的星球,让宇宙变得无比绚丽。

今天宇宙中飘荡着无数美丽的星云,它们中有的是宇宙诞生初期形成的,有的是后来恒星发生大爆炸所创造的。现在著名的

星云有马头星云、猫眼星云、玫瑰星云、蟹状星云等。

最早发现星云的天文学家是法国的梅西叶，他在1758年观察彗星时，突然发现太空中有一块云雾状斑块。由于当时他的设备非常简陋，无法辨认具体形态，只能先记录下来。在长期积累下，他记录的此类天体竟然多达103个。他的这些发现，后来引起了英国天文学家威廉·赫歇尔的高度关注。威廉·赫歇尔经过长期观测核实后，将这些云雾状天体命名为星云，并将梅西叶最早发现的那个斑块，命名为"M1"星云。M就是梅西叶名字的首字母。

三个孩子听到这儿，也对这段时期的宇宙演化感到无比惊奇。最让他们讶异的是，原来宇宙中的所有物质，包括人类，都是由粒子构成的。

人物冒泡

云飞扬在想，物质会出现正反两种形态，人会不会也出现这两种形态呢？

他脑海里浮现出这样一番景象——有个由反物质组成的云飞扬出现了。那个反物质云飞扬跑来与他碰撞，他可不想两个自己在碰撞中湮灭，于是就拼命地逃跑。眼看反物质云飞扬就要追上自己了，就在这十分危急的时刻，章树叶突然打了个喷嚏，把他从幻境中拉了出来。尽管章树叶喷了云飞扬一脸的唾沫星子，但云飞扬还是很感激地对着章树叶笑了笑。

创生之柱星云图像，有几颗新的恒星正在形成

1. 查尔斯·梅西叶 (1730—1817)，法国天文学家。主要成就是发现了星云，并给星云、星团和星系编上编号，制作了著名的"梅西叶星云星团表"。
2. 弗里德里克·威廉·赫歇尔 (1738—1822)，英国天文学家，法兰西科学院院士，恒星天文学创始人，被誉为"恒星天文学之父"。

从黑暗寒冷中创造星球

又经历了一段漫长岁月，忽然有一天，奇迹发生了：在一片星云当中，由粒子结合成的像碎石块一样的物质突然加快了自旋的速度。它疯狂地自旋着，并且不断把周边的各种物质都吸附到自己的身上。

它的体积迅速增大，引力也越来越强，能把更远的物质吸附到自己的身上。它的体积大到一定程度后，内部的热能开始爆裂，于是出现了大面积的炽热熔岩喷发。它开始变成了一个巨大的火球，似乎整体都在燃烧。

这样的燃烧，起到了一个很好的作用——可以把那些吸附到身上的所有物质，通过熔炼与自己结合成一个更加牢固的整体。

它还在吸附更遥远的物质，它的体积还在增大。大约经过了两亿年的不懈努力，它竟然将周围几百亿千米内的物质都吸附到自己身上了，它的体积也变得比太阳还要大几百倍。大约在135亿年前，也就是宇宙诞生大约3亿年后，它终于成长为一颗巨大的星球，而且还是产生了核聚变的、不断在释放光和热的恒星。它的光芒开始照亮宇宙，它的热量也在温暖着宇宙。从此，宇宙

③ 从黑暗寒冷中创造星球

拥有了永久的光亮,开启了星球时代。

在那颗星球诞生的同时,很多星云中的碎石也同样地努力成长。它们也通过两亿多年的艰苦努力,把周围几百亿千米内的所有物质,全部吸附在自己身上。它们也先后在宇宙中,成为一颗颗无比巨大的星球。

它们当中,有恒星、行星、矮行星和小行星等。当这些不同种类的星球布满天空时,宇宙就变得更加绚丽多彩。

现在的宇宙中,有多少颗明亮巨大的星球呢?根据科学家的估测,仅恒星至少就有2000万亿亿颗,多么惊人的数字!

我们在夏季和秋季的夜晚,用肉眼能观测到大约6000颗星星,只是无法去数清那些星星。如果是用这样的方式去数星星,那肯定会数得晕头转向,眼冒金星。要是因为这样数星星而摔了一跤,岂不让别人笑掉大牙呀!

听到怪博士这样风趣幽默的描述,三个孩子都笑了起来。

云飞扬突然想到了一个问题。见怪博士停顿下来,于是问道:"唐爷爷,天上有那么多明亮的星星,为什么在没有月亮的夜晚,还是无法照亮夜空呢?"

怪博士夸赞道:"这个问题问得很好!其实天上的星球,绝大多数都距离地球非常遥远。它们所发出的亮光,受到太空各种尘埃的阻挡,到达地球后已变得非常暗淡了。再加上宇宙还在快速膨胀,很多星球正在远离地球而去,它们的亮光可能都到达不了地球的上

空。即便有些遥远星球的亮光能够到达地球的上空,但由于那些光波被拉得太长,从而变成了红外线之类的不可见光。所以尽管天空中有那么多的星星,但它们的亮光还是照亮不了夜空。"

三个孩子听到这里,都对星球有了更深刻的认识。

繁星点点

人物冒泡

夏语想象出这样一番景象——云飞扬仰起头数星星,数得晕头转向,结果摔了一跤,摔掉了两颗大门牙。他痛得狂叫起来:"好疼啊!好疼啊!"别人听到的却是:"哄通呵!哄通呵!"

4 神奇而美妙地组建星系

怪博士拿起一块桃酥饼，咔嚓咔嚓地吃了起来。他吃得特别地响，好像是在故意馋三个孩子。

三个孩子听到这样的声音，又闻到那桃酥饼的香味，口水不争气地流了出来。但三个孩子的精神，变得更加振奋了。

怪博士吃完桃酥饼，继续讲课。

星球诞生后，宇宙又有哪些变化呢？

在那段时间里，宇宙出现了一种很神奇的现象，就像是宇宙中的物质集体大爆发一样，无数的星球先后涌现了出来。而且，那些最早出现的星球体积都特别大。它们的密度不太高，就像是一个个外强中干的大胖子。那时它们的飞行轨道也是无序的，都在漫无目的地飞行，所以彼此之间也非常容易发生碰撞。一旦它们发生碰撞，就会造成毁灭性伤害，很多星球就是在这样的碰撞当中消亡的。

宇宙中或许存在一套天然法则，每当物质过于繁多、混乱时，就会去"规范"它们。大约在128亿年前，又一个奇迹发生了，

在宇宙的某个区域,许多能量巨大的星球突然不约而同地聚合在一起,然后通过集体的引力扰动,将无数的星球带动起来,围绕着它们飞速地旋转,从而组建了宇宙中第一个规模宏大的星系。

在第一个星系形成后,无数的星系相继从它们所在的星云中涌现出来,从此宇宙开启了"星系时代"。

当所有的星球都组建成星系后,宇宙又有了很大的不同,每颗星球都有自己固定的运行轨道。这样大家都安全多了。

现在宇宙中有多少个星系呢?科学家测算,至少有2万亿个。

不过这些星系之间,也有很大的区别,有的非常宏大,有的相对要小。星系一般由几亿颗至上万亿颗恒星以及星际物质所构成。

科学家还根据星系的形状,对它们进行了分类,包括椭圆星系、旋涡星系、棒旋星系、透镜星系、不规则星系五类。

有一些星系是用编号来命名的,比如NGC262、M32、IC1101等。

但由于宇宙中的星系实在太多,所以还有许多星系是没有被命名的。

那些已被命名的星系,该如何去辨认呢?

如果是用编号来命名的星系,普通人是很难辨认出来的。但如果是用形状来命名的星系,就好辨认多了。

我们来认识几种星系。

④ 神奇而美妙地组建星系

椭圆星系，它是一类呈椭圆形或圆形的星系。这类星系的中心通常非常明亮，边缘地带则显得很暗淡。如果这类星系中有一颗新的恒星诞生，那儿就会散发出淡蓝色的光芒。

椭圆星系

旋涡星系是目前观测到的数量最多的星系。从正面看，旋涡星系就像江河中的漩涡；从侧面看，它又像个织布的梭子。

旋涡星系

棒旋星系，是在中间部位出现棒状结构的旋涡星系。大约一半的旋涡星系都属于棒旋星系。

棒旋星系中间的"短棒"，其实是由数以万计的明亮恒星组成的，因此这片区域发出巨大的能量，能够推动整个星系中的所有恒星平稳地运行。

棒旋星系

棒旋星系那片明亮的区域中还可能隐藏着黑洞,比如银河系中心最明亮的区域,就有着一个巨大的黑洞。

三个孩子听到这里,对宇宙中的星系有了很深刻的印象。

人物冒泡

章树叶看着银幕上显示的星系图片,想起了刚才怪博士吃的那块桃酥饼。桃酥饼就像个棒旋星系,上面甚至有一些螺旋纹理。

他脑海里浮现出这样一番景象——怪博士突然变成一个巨人,张开大口将一个棒旋星系吃了进去,还咬得嘎嘣脆响。

章树叶看着怪博士这样大口大口地吃着棒旋星系,震惊得头发像钢丝一样竖了起来。

银河系
开始形成

众多的星系组建起来后,宇宙又有哪些变化呢?

宇宙从此不仅变得祥和安定起来,而且还焕发出更加迷人的风采。漫天的星系在飞速地旋转,灿烂的星光洒满了宇宙空间。

但有了这些变化似乎还不够,因为还没有出现构建人类家园的基础。在大约 125 亿年前,宇宙又出现了新的变化,某个区域再次出现了许多能量极大的星球汇聚在一起,然后通过集体的引力,带动周边的星球围绕它们旋转;渐渐地,它们形成了一个新的独立星系。我们的银河系就这样诞生了。

银河系诞生后,将会创造一个奇迹——大约在 75 亿年后,它的内部会出现一个很小的行星系统。就是那个很小的行星系统,后来诞生了地球,继而孕育出我们人类。

银河系是什么样子呢? 它可能与我们看到的并不一样。

我们肉眼所看到的银河,像条布满繁星的长河,银河系也因此而得名。

但真正的银河系并非是这样的。其实银河系是个扁平的圆盘

⑤ 银河系开始形成

状棒旋星系，它有4条长长的旋臂，分别是英仙座旋臂、人马座－船底座旋臂、矩尺座旋臂和盾牌－半人马座旋臂。

银河系最中心的部位称为"银心"；中间的部位称为"银核"；周边的部位称为"银盘"；银盘的边缘称为"银晕"；银晕的边缘称为"银冕"。

银河系的直径为10万~20万光年，包括1500亿~4000亿颗恒星，以及大量的行星、小行星、彗星和星云等。

银河系中心那片最明亮的区域，隐藏着一个巨大的"黑洞"，有科学家认为，这个黑洞的质量是太阳的约400万倍。

今天的宇宙中，像银河系这样大的星系有几千亿个。

大家都听说过牛郎和织女的故事，其实银河系中真有这两位主人公。牛郎星是银河系中一颗比较明亮的星星，它的中文名称叫"河鼓二"。它的前后各有一颗星星，分别叫"河鼓一"和"河鼓三"。这两颗星星就像牛郎星的两个孩子。它们都在银河的东岸。

与它们隔河相望的，是一颗更为明亮的织女星。织女星的中文名称叫"织女一"。它的身边也有两颗星星，分别为"织女二"和"织女三"。它们都在银河的西岸。

织女星比牛郎星明亮很多，甚至比太阳还要明亮。织女星距离地球26.3光年，而牛郎星只有16光年。

巧合的是，每年的农历七月初七晚上，弯弯的月亮所散发的淡淡光芒，正好遮住了星光。所以人们认为，那时全天下的喜鹊都飞

到天际,在银河上搭好一座鹊桥,让牛郎和织女在鹊桥上相会。

当然这只是一个美丽的传说,喜鹊是飞不到遥远的太空中的,更不可能在太空中架起一座桥。

在牛郎星和织女星的附近,还有一颗非常明亮的星星,它叫"天津四"。这三颗星星构成了一个不对称的三角形,非常容易辨认。

科学家还发现,牛郎星和织女星都在朝着与彼此相反的方向运行,这意味着它们之间的距离会越来越远。

听到这儿,三个孩子终于知道真正的银河系是什么样子了。

人物冒泡

夏语听到牛郎星和织女星在不断远离,心中有些难过。

她脑海里浮现出这样一番景象——她获得了一种神力,能将牛郎星和织女星不断地拉近。她最终将这两颗星星拉到了很近的距离,并架起了一座七色彩虹桥,让牛郎和织女从此可以天天相会。

从地球上观测到的星空

6 太阳系的诞生

银河系形成后,宇宙又有哪些变化呢?

那时的宇宙已经无穷大了,变化已是多得难以计数。

又过了很长的时间,那些最早诞生的恒星有些开始步入生命的末期,于是宇宙中又出现了很多的恒星大爆炸。

当然这样的大爆炸完全不能跟奇点大爆炸相比,远没有那样的威力。

但星球大爆炸也不可小觑,其喷发的能量无比巨大,会造成漫天的火光和铺天盖地的碎块。

恒星大爆炸时,又为宇宙创造了一些新元素,比如锂和铁等。宇宙得到这些新元素,又开始发生更加美妙的变化。

大约在50亿年前,银河系旋臂上的一处,可能是第一代或第二代恒星发生爆炸后形成的星云中,诞生了一颗新的恒星。我们的太阳,就这样诞生了。

它虽然体积没有第一代恒星那么大,但密度要比"前辈"们高出很多。它的能量非常巨大,在它的引力扰动下,不久之后,周

边的星云中,又诞生出8颗行星和无数的其他天体。这些天体都围绕着它运转,从而也形成了一个天体系统,这就是太阳系。

太阳系是什么样子的呢?

太阳系是一个伟大的天体系统,因为它创造了绚丽多彩的地球,以及地球上鲜活的生命。

太阳系中的8颗行星,距离太阳从近到远分别是水星、金星、地球、火星、木星、土星、天王星、海王星。这些行星大小不等,各有特点。

太阳是太阳系中唯一的一颗恒星,它释放出强大的光和热。

太阳系距离银河系中心2.4万~2.7万光年。它以约220千米/秒的速度围绕着银河系中心运行,公转一周大约需要2.5亿年。所以太阳系自诞生以来,才围绕银河系公转了20圈。如果按地球上公转一周为一年计算,太阳系还只能算个20岁的小伙子。

太阳系中,还有三个奇妙的区域。

一是在火星与木星之间有条宽约2.3亿千米的"小行星带",那儿散落着数量庞大的小行星。

二是在海王星外有一条"柯伊伯带",那儿也布满难以计数的小天体。那些小天体,可能是太阳系形成时的残余物质。

三是在柯伊伯带之外还包裹着"奥尔特云",它就像是太阳系的外层皮肤。

非常有趣的是,以前人们还将冥王星列为太阳系的第九大行

6 太阳系的诞生

星。后来人们发现它并不符合标准,所以在第26届国际天文学联合会上,将它降级为矮行星。

看来不努力,没有真本事,即便是在宇宙中也是行不通的。

三个孩子被怪博士的风趣语言引得再次笑了起来。他们听到这儿,也对太阳系有了深刻的了解。

太阳系的8颗行星

7

宇宙现在有多大

浩瀚无垠的宇宙，现在到底有多大呢？

关于这个问题，相信很多人都想找到答案。

其实科学家们已经计算出了宇宙的大致尺寸。它太大了，远远超出我们的想象。

我们可以拿地球和宇宙中的天体来做比较，从而更好地去认知宇宙的大小。

地球的赤道半径是6378千米，如果把它放在太阳系中去比较，它就显得非常渺小，就如同操场上的一粒芝麻。

如果把太阳系放到银河系中去比较，它同样小得可怜，就如同操场上的一颗绿豆。

银河系的直径为10万~20万光年，这已经足够大了吧？但如果把它放到整个宇宙中去比较，那也如同沧海一粟。

宇宙到底有多大呢？它现在在观测范围内的直径大约是930亿光年，实际可能更大。

而且它目前还在以超光速膨胀，以后它会大到什么程度，谁

⑦ 宇宙现在有多大

也无法估算。

宇宙的膨胀速度有多快呢？这里有一组数据可做参考：室女星系团，正以大约 1210 千米 / 秒的速度远离地球；后发星系团，正以大约 6700 千米 / 秒的速度远离地球；武仙星系团，正以大约 10300 千米 / 秒的速度远离地球；北冕星系团，正以大约 21600 千米 / 秒的速度远离地球。这些都是宇宙正在快速膨胀的证明。如果把所有的速度叠加起来，便是宇宙真正的膨胀速度。

即便宇宙的直径停止在 930 亿光年的这个尺度上，那么它有多大呢？我们可以计算一下。1 光年大约等于 9.46 万亿千米，乘以 930 亿光年，我们就知道宇宙的直径有多大了！

由于这个数据太大了，计算起来特别困难；即便得出了结果，对于普通人来说，也是无法理解的。

不过有一件事情我们得抓紧去做，否则就来不及了。是什么呢？那就是我们得赶紧去观测那些正在远离地球的星体。一旦它们飞离了我们的视线，以后我们可能就再也看不到它们了！

其实我们人类的眼睛也非常厉害，能够看到距我们大约 300 万光年远的星体，比如银河系之外的仙女星系和三角星系。当然它们并不是单个恒星，而是一个巨大的星系。我们也只能看到它们的一丁点儿微光，并不能看清它们的全貌。

不过能看到那么遥远的身影，本身也是一件很了不起的事了！

三个孩子听到这儿，都对宇宙之大感到惊叹，也对人类的眼

睛能看到那么遥远的地方而感到惊奇!

夏语还对另外一件事情很感兴趣,见怪博士停顿下来,便问道:"宇宙那么大,科学家是通过什么办法去测量它的呢?"

怪博士笑道:"这个问题问得很好!科学家是非常了不起的,他们通过哈勃望远镜,以天上那些明亮的'造父变星'作为量天尺,然后根据星系之间的远离速度与距离变化,从而测量出宇宙的年龄与直径。如果你们想要弄清楚这方面更多的知识,以后要多去看一些关于天文知识的图书。"

云飞扬想:造父变星又是什么天体呢?它们会变来变去吗?

他脑海中浮现出这样一番场景——天空中有很多颗造父变星。怪博士领着他们三人,驾着飞船去探索那些星球。他们还用自己的名字去命名了几颗星球,比如飞扬号星球、夏语号星球和树叶号星球。

造父变星是一类高光度周期性脉动变星。它们的光变周期与光度成正比,也就是光度越高,光变周期就越长。天文学家可以通过它们有规律的光变效应,计算出星体之间的距离和宇宙空间的尺度,因此造父变星被誉为"量天尺"。

为什么星球飘在太空不掉落

在浩瀚无垠的宇宙中,为什么所有的星球都是悬浮着而不会掉落,并且还能保持一种恰到好处的距离,安全平稳地运行呢?

要想弄清这个问题,只要弄明白一个概念就行了。因为在宇宙中,根本不存在上下之分,所以也根本不存在掉落下来这回事。至于众多星球能平稳地运行,那是宇宙中有四种基本力在起作用。

是哪四种基本力呢?

第一种是引力,这种力是物质与物质之间的相互吸引力,也是物质在运动中所产生的一种作用力。

这种力在四种基本力中,算是最弱的一种,它的作用范围却是最大的。

从物理学上讲,只要两个物体拥有一定的质量,两者之间就会产生一种相互吸引力。两个物体之间的距离增大,它们之间的引力也会随之递减。

宇宙中的行星和恒星等一切天体,都是在引力的作用下,保持着相对安全的距离运行。可以说，引力作用是维护这个宇宙运行的最基本条件。

三个孩子听得非常入神，他们没想到，原来引力在宇宙当中，能够起到如此之大的作用。

第二种是电磁力，它通过把宇宙中的带电颗粒吸附凝结到一起，从而创造出我们可见的物质世界。如果没有电磁力，世界上的所有物质都会分崩离析，如同一盘散沙。

电磁力与我们的生活密切相关，我们的家用电器，比如电灯、电视机、电冰箱等，都需要依靠电磁力来运行。电磁力对经济发展与社会生活起着非常重要的作用。

第三种是弱核力，它是放射性原来的原子核或自由中子衰变所产生的一种力。弱核力能够不断地改变宇宙中粒子的结构，并激发它们发生变化。

它虽然名字中带有一个弱字，但它一点儿也不弱，而且具有极强的力量。它也能用于治疗疾病等，为人类造福。

第四种是强核力，这是一种作用于强子之间的力。它是四种基本力中最强的。它的作用是把质子和中子结合成原子核，以便持续地为恒星的核聚变提供能量，使其长期绽放光芒。我们的太

8 为什么星球飘在太空不掉落

阳之所以能散发出如此强烈的光和热，都是这种力所起的作用。

博士停顿了一下，又继续开讲。在宇宙中，还存在着暗能量与暗物质。

什么是暗能量呢？它是宇宙中一种看不见、摸不着，人类现在还无法观测到的东西。但它在宇宙中无处不在。

暗能量还是宇宙中占比最高的一种能量，它的作用力极其巨大，可能就是它在驱动着整个宇宙中的天体有序地运行。宇宙也可能正是在它的驱动下，膨胀速度才如此之快。

科学家还将宇宙中的各种能量做了个数据统计，其中暗能量大约占70%，暗物质大约占25%。其他所有可见物质，包括太空中所有的星球和地球上的万物众生，加起来也只占大约5%。由此可见，暗能量是多么不一般哪！

什么是暗物质呢？暗物质和暗能量一样，也是一种由天文观测推断存在于宇宙中的不发光物质，并在宇宙中发挥着巨大的作用。

暗能量与暗物质的存在，对于让宇宙中如此繁多的星球保持相对安全的距离平稳地运行，也起到很大作用。

三个孩子听到这儿，终于明白了为什么宇宙中那么多天体能维持平稳运行的状态，对神秘的宇宙更多了一份向往。

人物冒泡

云飞扬希望有一种力,一种能抽掉自己"懒筋"的力。

他脑海中浮现出这样一番景象——忽然有一把无形的神奇钳子,在一根根地抽掉他身上的"懒筋",结果抽出了一大箩筐。

他望着那一大筐如丝线一样的"懒筋",暗自下定决心:一定要改掉懒惰的毛病!

艾萨克·牛顿(1643—1727),英国皇家学会会员、会长,物理学家、数学家、天文学家,百科全书式的"全才",是万有引力定律的发现者。

宇宙中真是
那么安静吗

怪博士又打开那包南酸枣糕吃了起来。他吃南酸枣糕的表情更加丰富，先是眉头紧蹙，后是眉目舒展，就像是吃到了无比稀有的人间美味。他这个表情，让三个孩子馋得不行。怪博士吃完东西，继续讲课。

在我们的认知中，宇宙中总是安安静静的，没有什么变化。月球围着地球转，地球围着太阳转，满天的星星到了夜晚才出现……似乎一年四季，都在重复着同样的景象。

但真实的情况完全不是这样的，只是因为我们用肉眼难以观察到宇宙中的那些变化。

如果用天文望远镜观察太空，就会发现在宇宙深空，时时刻刻都在发生着巨大变化。一是许多星球，都在以一种极快的速度飞行；二是很多星球之间在上演着无比震撼的"战争"。

天上的星球，有些也像小孩子一样，总是调皮捣蛋，不是你去碰一下我，就是我去撞一下你。

但是它们之间的碰撞，可不像小孩子之间的玩闹。它们只要

一碰撞，就会撞出几十万米高的冲天火光，还会引发剧烈的大爆炸，形成漫天横飞的碎片和铺天盖地的尘埃云，甚至还会出现星球互相吞噬的现象。那种场面惊心动魄，险象环生。即便你离它们10万千米远，也可能会被它们的热流瞬间熔化成一缕青烟，踪影全无。

还有一些星球，即便是没有遭到任何碰撞，它也会突然狂躁不安地自我爆裂与燃烧。

出现这样的情况，一般都是那些星球到了生命末期，才发生这种不太寻常的反应。它们或许会由此变成一颗蓝超巨星或红超巨星，也可能会演变成黑洞，或者被别的黑洞吞噬掉。

三个孩子听到这儿，都被这样的景象惊得目瞪口呆。

章树叶深深地陷入了对这种场景的想象：仿佛有一颗正在燃烧的星球飞到他面前，火焰都快烧着他的眉毛了！

他赶忙躲闪，结果撞到云飞扬身上。

云飞扬不知道他发生了什么状况，愣愣地望着他。

他也不好意思解释这些，只顾自己呵呵傻笑。

星球碰撞假想图

10 宇宙中有哪些天体结构

地球和月球，组成了宇宙中最小的天体系统，称为地月系，它的平均直径大约是77万千米。

比地月系大一层级的天体系统是太阳系。太阳系拥有太阳和8大行星，218颗已知卫星，5颗矮行星，还有无数的小行星和彗星等。太阳系的直径大约是4光年。

比太阳系更大一层级的天体系统是银河系。银河系拥有太阳在内的1500亿~4000亿颗恒星，还有大量环绕恒星运转的行星、小行星和彗星等，直径10万~20万光年。

比银河系更大一层级的天体系统是本星系群。星系群即不规则星系团。本星系群拥有包括银河系及其附近几十个大小不等星系，直径为600多万光年。

比本星系群更大一层级的天体系统是超星系团。本超星系团由于中心位于室女座当中，所以又称室女星系团。本超星系团拥有本星系群、室女星系团以及其他约50个较小的星系群（团），尺度1亿~2亿光年。

⑩ 宇宙中有哪些天体结构

比本超星系团更大一层级的天体系统，是拉尼亚凯亚超星系团。它是一个无比庞大的天体系统，拥有包括本超星系团、长蛇－半人马超星系团，以及孔雀－印第安超星系团在内的大约500个超星系团，直径大约是5.2亿光年。

比拉尼亚凯亚超星系团更大一层级的天体系统是双鱼－鲸鱼座超星系团复合体。这个复合体拥有60余个群集，直径约为10亿光年。

比双鱼－鲸鱼座超星系团复合体更大一层级的天体系统是史隆长城。它是一个由无数个超星系团复合体串联起来的巨无霸天体结构。它长约13.7亿光年，就像是一道无边无际的宇宙之墙，横亘在深空当中。

另外还有武仙－北冕座长城。它是人类目前发现的最大天体结构。它的最长端横跨约100亿光年，几乎是人类目前可观测宇宙长度的1/4。

当然，宇宙当中很可能还存在更大的天体系统，只是我们目前还没有发现它们。

三个孩子听到这儿，都为宇宙当中有这么多、这么大的天体系统而惊叹不已！

人物冒泡

云飞扬想：原来宇宙中的星球，都像是被一根无形的线串在一起，形成了一张无边无际的大网。

他脑海中浮现出这样一番景象——他和夏语、章树叶一起，扯着那根串联着星球的线，结果把宇宙中的星球都扯得抖动起来。很多的星球撞到了一起，到处是轰隆隆的爆炸声，震得他们晕头转向。

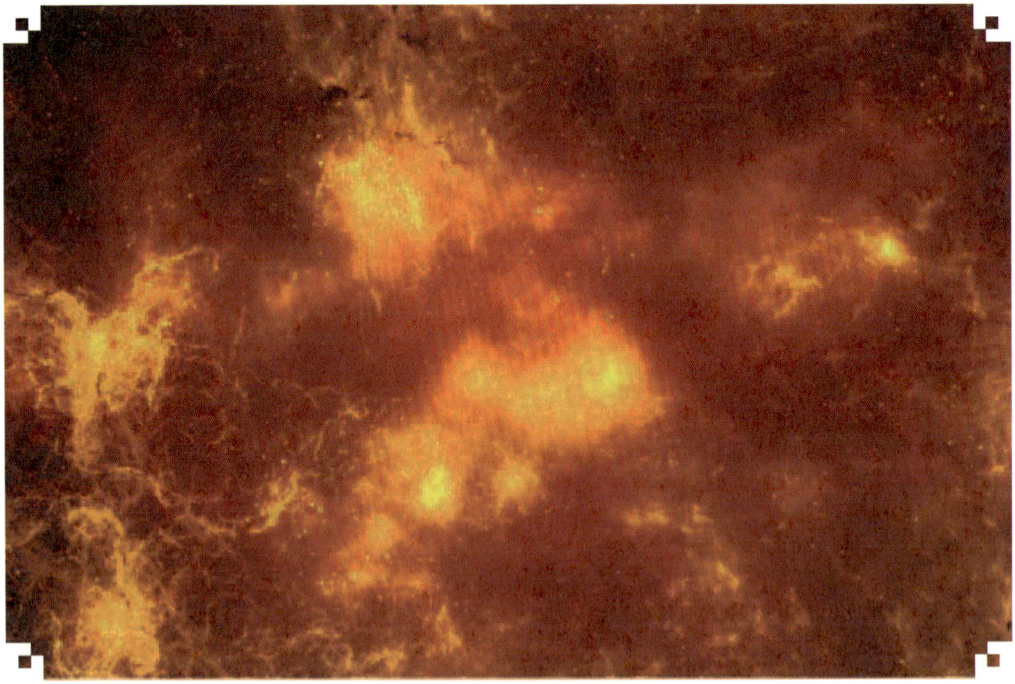

武汕 - 北冕座长城

如何去区分宇宙中的星球

宇宙中有那么多的星球,如果不去区分,肯定没有人能记得全。为了更好地辨识星球,科学家做了分类。

按不同种类区分,可分为恒星、行星、卫星、矮行星、小行星和彗星等。

按恒星的演化阶段区分,可分为原恒星、主序星、红巨星、白矮星、中子星等。

按恒星的大小区分,可分为矮星、巨星和超巨星等。

按恒星的光谱区分,可分为O、B、A、F、G、K、M,以及附加的R、N、S等类型。

按恒星的组合区分,可分为单星、双星、聚星和星团等。

按恒星的变量区分,可分为变星和非变星等。其中变星又分为脉动变星、爆发变星和食变星等。

按行星的特质区分,可分为类木行星和类地行星。但行星的这两种区分,只在太阳系中使用。

科学家对宇宙中星球的划分,都是有定义标准的。

什么是恒星？恒星是由炽热气体组成，能自己发光、发热的天体。太阳是离地球最近的一颗恒星，正是它的光和热能，为地球上生命的诞生和发展提供了必要条件。

距地球最近的恒星——太阳

什么是行星？行星主要有三项指标：一、它必须是围绕着主恒星运行的天体；二、它的质量必须足够大，外形要达到或接近球形；三、它必须有足够的力量，能够清空自身轨道上的其他天体。

另外，行星还有一个特点，那就是行星本身不会发光，不像恒

⑪ 如何去区分宇宙中的星球

行星图

星那样会发生核聚变。

什么是卫星？卫星是环绕主行星运行的天体，比如月球就是一颗围绕着地球运行的卫星。卫星自身不发光，它也像行星一样，只能反射恒星的光。

如果卫星和主行星的质量相近，它们还可能形成双星系统，比如冥王星与冥卫一，就是这样的双星系统。

天然卫星

另外，人造卫星虽然也被称为卫星，但它是由人类建造和发射到太空的航天器，与天然卫星有着本质的区别，因此不能混淆。

什么是矮行星？矮行星又称"侏儒行星"，它的体积介于行星和小行星之间，是

人造卫星

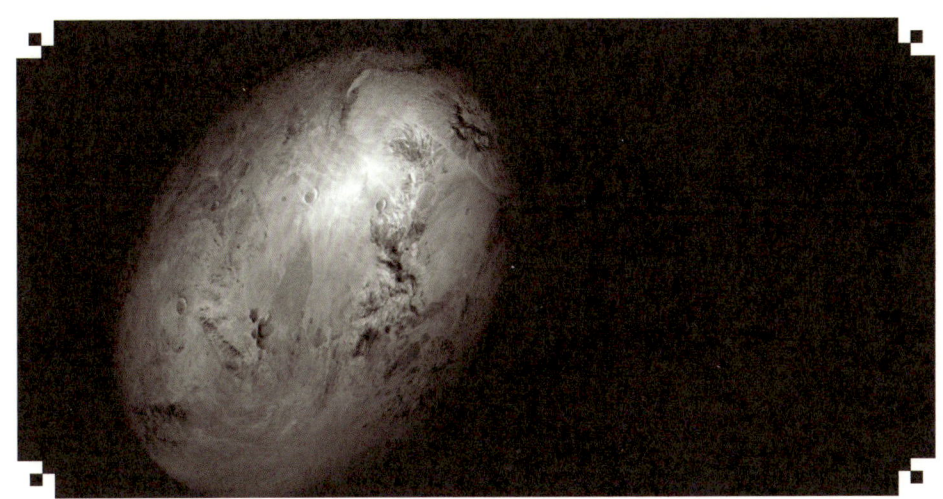

矮行星

围绕着恒星运行、接近圆球形的天体。由于它没有足够的能力清空自身轨道上其他的天体,所以还不能称为行星。冥王星就是个例子。

什么是小行星?小行星是太阳系内,一种类似行星环绕太阳运行,但体积和质量都比行星小得多的天体。在太阳系中,火星与

小行星

木星之间有条很宽的小行星带,那儿布满了大量的小行星。它们的体积大多比较小,只有少数直径大于100千米。而绝大多数的小行星,都像碎石一样飘在太空中。

什么是彗星? 彗星是太阳系内,亮度和形状都会随着与太阳的距离变化而变化的天体。它们的外貌非常独特,似云雾状。彗星的结构分为彗核、彗发和彗尾三个部分。它们是由宇宙中的尘埃和冰雪组成的,所以在靠近太阳时,会因为太阳的照射而蒸发,从而形成一条长长的尾巴。彗尾长达数万千米,最长的能达到几亿千米,非常壮观。彗星由于形状像一把扫帚,所以又被称为扫帚星。

彗星的运行轨道多为抛物线或双曲线,极少数是椭圆形。目前人类已发现的围绕太阳运行的彗星有1600多颗。著名的哈雷彗星围绕太阳一周,大约需要76年。

三个孩子听到这儿,对星球的分类有了很清晰的了解。他们都想学到更多的宇宙知识,所以都静静地等着怪博士继续讲下去。

哈雷彗星

人物冒泡

云飞扬的脑海中浮现出这样一番景象——他拥有一根无所不能的指挥棒，能够指挥天上的星星飞行。他想要星星飞到哪儿，星星就会飞到哪儿。他想要星星更加明亮，星星就会发出耀眼的光芒。

他就像个艺术家，疯狂地挥舞着指挥棒，指挥着星星飞来飞去。可是他毛手毛脚，一不小心，竟将指挥棒指到自己的鼻子上。结果星星像炮弹一样朝他飞来。他吓得目瞪口呆，不知如何是好。就在那些星星快要飞到他面前时，他终于反应过来，赶忙挥舞着指挥棒，将那些星星指向了其他方向。

12

能吞噬一切的黑洞是什么样子

在宇宙中,还有一种最神秘、最危险、最恐怖的天体,那就是人人畏惧的黑洞。

2019年4月10日21时,全世界天文学家通力合作,终于拍摄并公布了首张黑洞相片。

这是一个位于室女座的黑洞。它的质量约为太阳的65亿倍,距离地球5500万光年。

这张相片的问世,再一次证明了爱因斯坦的相对论是正确的。

黑洞是怎么形成的呢?

一般是由于一颗恒星在生命末期,因为核聚变反应的衰弱,引力无法维持平衡运行,自身开始全面崩塌,从而演变形成一种能量极高、运行极快、引力极大的黑色圆形天体。

黑洞能吸进一切靠近它的物体,然后撕裂碾压成细微的颗粒,再吞入洞内。即便是光,也无法逃脱。

宇宙中这样的黑洞有几十亿个,其中很多就潜伏在星系的中心区域。

12 能吞噬一切的黑洞是什么样子

黑洞大致可分为三类：第一类是恒星级别的黑洞，它们的质量一般是太阳质量的几倍到一百倍；第二类是中等级别的黑洞，它们的质量一般是太阳质量的一百倍到十万倍；第三类是超大级别的黑洞，它们的质量一般是太阳质量的十万倍以上。

根据天文学家们的推断，宇宙中既然有黑洞，也应该有个相应的"白洞"。黑洞是将一个即将"死亡"的世界中的所有物质，吞噬压缩成一颗极小的粒子，也就是那个体积无限小、质量无限大的奇点。然后奇点会从另一端的"白洞"吐出来，并发生大爆炸，从而再创造一个新宇宙。

也有人猜想，宇宙本身就是一个大黑洞。虽然在这个大黑洞中还存在着无数的小黑洞，但它们都像是宇宙的"器官"，在为整个宇宙的运行创造能量，起着新陈代谢的作用。

黑洞与黑洞之间也会相互吞噬。因此又有人提出，当宇宙中所有的星球全面崩塌，黑洞之间就会加速互相吞噬，直到归于最后一个大黑洞时，才能创造出奇点。然后奇点再从"白洞"中出现，发生大爆炸，形成一个新宇宙。

如果真是这样，那么黑洞的存在，也许就没有那么可怕了。

还有一些科学家认为，可能存在着多重宇宙，就是在我们的宇宙之外，还有很多的宇宙。就像是有很多的泡泡飘在天空中一样，我们所在的世界，只是其中的一个泡泡。

由于人类过于渺小，我们目前就连自己所在的宇宙都无法全

面了解，所以更无法去了解多重宇宙了。

听到这儿，三个孩子对黑洞也有了一定的了解。原来关于黑洞有这样多的猜想，真是令人眼界大开！

人物冒泡

云飞扬想：如果太空中真的存在多重宇宙，那会是什么样子呢？

他脑海中浮现出这样一番景象——有很多宇宙泡泡飘在空中，每个宇宙泡泡中都有外星人。有些外星人有几座高楼叠起来那么高；有些外星人的手有几千米长；还有些外星人的鼻子像啄木鸟……他真想钻进这些泡泡中仔细看一看。

注释

阿尔伯特·爱因斯坦（1879—1955），物理学家。1905 年提出光子假设，成功地解释了光电效应。1905 年创立狭义相对论，1916 年创立广义相对论。

黑洞的猜想图

13 宇宙中可能存在的"虫洞"

在宇宙中,还可能存在一种比黑洞更神奇的天体——"虫洞"。

虫洞即时空洞,这个概念是 1916 年由奥地利物理学家路德维希·弗莱姆首先提出的,后来爱因斯坦和纳森·罗森这两位科学家也假想了这一概念。所以,虫洞又被称为"爱因斯坦－罗森桥"。

为什么会出现这种假想呢? 那是因为在浩瀚无垠的宇宙中,天体之间的距离实在太遥远了,即便是以光年计算,以目前人类速度最快的飞行器,从地球飞往银河系以外的星球,动辄需要几百万年的时间。这便成了人类无法企及的事情。

于是,科学家就提出了这样一种假想。他们认为,在茫茫宇宙中,可能存在一种时空隧道,也就是虫洞。

虫洞就像是无数条连接宇宙的时空管道,只要找到它的入口,或许从一颗星球到达另一颗星球只需要几分钟,甚至更短的时间。还有人认为,虫洞的入口就隐藏在暗物质当中,只要踏进那个入口,就能瞬间到达你想要去的地方。

虫洞的原理大致是这样的:它就像一张纸质地图,只要把你

13 宇宙中可能存在的"虫洞"

所在的地方和你想要去的地方,对折到一个点上,这样,再远的距离都只是一步之遥。

还有人假想,只要你踏入虫洞,你之前所在的地方,就会随之消失。而你要去的地方,会立即出现在你面前。等你想要回到原来的地方时,你原来所在的那个地方,才会再次在你面前出现。

如果宇宙中真的存在这样的虫洞,那我们周游宇宙,甚至拜访其他宇宙,都将成为一件非常容易的事情。

三个孩子听到这儿,都惊呼起来。宇宙中竟然还可能存在这样神奇的天体!他们对虫洞假说,产生了浓厚的兴趣。

人物冒泡

云飞扬想:虫洞的入口,会不会就藏在课本中的某些汉字里面呢?他觉得很多汉字都像是虫洞的入口。

他脑海中浮现出这样一番景象——课本中的"回"字突然变成了一个虫洞。他跳入这个虫洞,瞬间便到达了我们这个宇宙的边缘。

他看到宇宙的边缘到处是金色的霞光,远处还悬浮着很多的其他宇宙。而且在每个宇宙当中,都有个一模一样的自己。他兴奋地向其他宇宙中的自己招手示意。

虫洞的假想图

太阳为什么那么明亮

如太阳大约诞生于50亿年前,它是太阳系的中心天体,直径139.2万千米,为地球的109倍,体积是地球的130万倍。

太阳上最丰富的元素是氢,其次是氦,还有碳、氮、氧和各种金属元素。

太阳拥有无比巨大的能量,它的内部就像个永不停歇的核反应堆,每秒所产生的能量,相当于1000亿吨高能炸药所产生的总能量。

其实太阳是颗黄矮星,属于等离子体。它主要是由核心、辐射区、对流层、光球层、色球层、日冕层等几个部分组成,表面有效温度6000℃,中心温度高达15700000K。

太阳是距离地球最近的一颗恒星,大约只有1.5亿千米。科学家为了方便计算巨大的天文数据,便将地球与太阳之间的距离,定为一个天文单位。所以一个天文单位约为1.5亿千米。

太阳上的光到达地球大约需要8分钟,地球接受的光能,大约只有太阳释放总能量的二十二亿分之一。这些光对地球生命具有

重要意义。

太阳围绕银河系公转一周，大约需要 2.5 亿年。它自转一周，在日面赤道带约 25 天，两极区约 35 天。

根据科学家的推算，太阳大约有 100 亿年的寿命，目前已经存在了 50 亿年，真可谓"年过半百"了。

再过大约 20 亿年后，太阳内部的氢元素将会耗尽，到时它会剧烈地膨胀。30 亿～40 亿年后，太阳的体积可能会膨胀到现在的 200 倍，成为一颗红巨星。到那时，它可能会将水星和金星，甚至是地球全部吞噬掉。大约 50 亿年后，随着能量的耗尽，太阳的核心将逐渐坍塌，最后变成一颗白矮星，直至消亡。

太阳还有三大奇观。

一是日冕。日冕是太阳外层出现的一种向外喷发熔浆的现象。日冕出现时，温度可能高达 1000000℃。日冕只能在"日全食"时，通过日冕观测仪看到。它的形状会随着太阳活动的程度而变化，通常会出现一个冕洞。那个冕洞，便是太阳风暴的"风源"引发点。

二是太阳风暴。太阳风暴是太阳向外抛射的，一种带有强大磁场的物质现象，是太阳大气中的一种规模巨大的能量释放。它会对地球产生一系列扰动，会辐射人的皮肤，破坏人的免疫系统，还会损坏输电设施，会给人类造成巨大的影响。

三是日全食。日全食是太阳、月球、地球三个天体，恰巧运行到一条直线上，从而在地球的某些地方，看到太阳被月球遮住的

14. 太阳为什么那么明亮

天文现象。由于月球比地球小,所以只有在被月球的影子遮挡的地区,才能看到日全食。中国民间把这一现象,叫作"天狗食日"。

听到这儿,三个孩子对太阳有了更多的了解,原来太阳竟然是一颗黄矮星。它释放的亮光大约需要 8 分钟才能到达地球。它大约也到了生命的中期,可能会在 50 亿年后消亡。

人物冒泡

云飞扬突然担心起来,如果太阳消亡了,人类该怎么办?

他脑海中浮现出这样一番景象——在太阳的火舌即将吞噬地球的时候,地球上的科学家终于成功地研制出了超能宇宙飞船,所有人都乘坐超能宇宙飞船飞离了地球,飞向宇宙中另一颗蓝色星球。

由于乘坐超能宇宙飞船的人太多,云飞扬被挤到了飞船的边缘,差点就掉下去了!夏语和章树叶想过来帮他,可怎么也挤不到他的身边,急得他俩的眼珠子都快要瞪出来了,恨不得用眼神将他拽到飞船的中央!

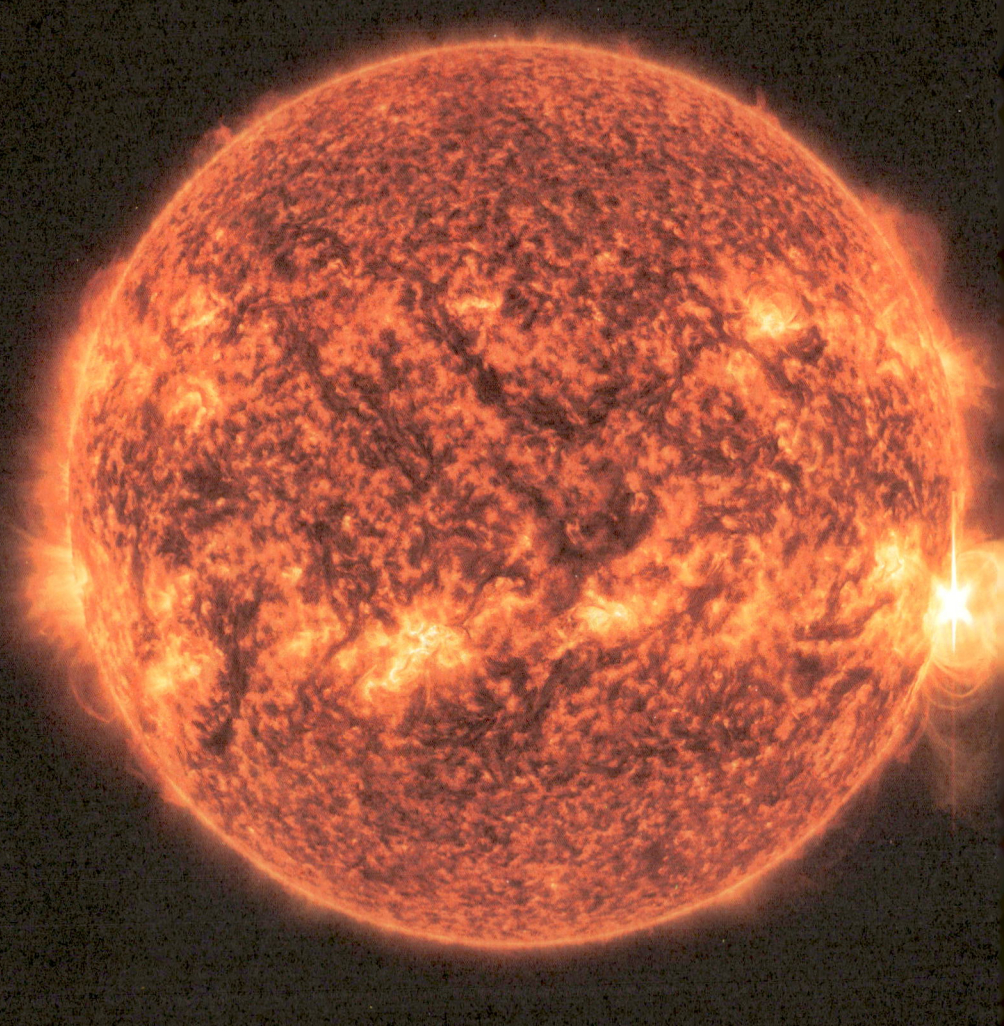

太阳

15 神秘的水星上有什么

怪博士又拿起麻辣牛肉粒吃了起来,他越嚼越有滋味,声音也越嚼越响。

再次听到这样的声音,章树叶的口水就像决了堤的河水,止不住地往下流。他再也克制不住自己,赶忙掏出一颗早就藏在口袋里的麻辣牛肉粒放进口中,偷偷地吃了起来。

夏语此时也在流口水,她也以极快的速度掏出一样东西放进嘴里。她看到云飞扬没有东西吃,忙塞给他一样东西。云飞扬一看,是南酸枣糕,也以同样快的速度放进口中。这个时候有东西吃,他觉得真是一件开心的事情。

大家吃了点东西,怪博士继续开讲。现在要讲的是水星。水星上面又有什么呢?

水星距离太阳 5791 万千米,是太阳系中距离太阳最近的一颗行星。它属于类地行星,构造与地球相似,也是岩质结构,同样有着地壳、地幔和地核。

水星是八大行星中体积最小的一颗,直径大约 4878 千米。由

于它距离太阳太近,所以它的运行速度也特别快,围绕太阳公转一周,需要88天,平均秒速大约48千米,比火箭飞行的速度还要快6倍。

水星自转一周,需要59天,算是自转速度非常慢的星球。

水星是太阳系中表面温差最大的一颗行星。表面温度向太阳的一面约440℃,背太阳的一面最低可达-160℃以下。人类若是生活在水星上,大概白天要被烤成焦炭,晚上又要被冻成冰块。

水星表面和地球一样,也有很多的环形山和悬崖峭壁,以及盆地与平原。由于长期经受强烈的太阳烘烤,它的表层出现了很多褶皱与裂缝。它还遭受了无数次陨石撞击,所以到处是坑坑洼洼的。

水星虽然个头很小,但它的密度非常大,竟然排在八大行星中的第二位,仅次于地球。

水星上没有液态水,只有一些冰存在。"水星"这个名字其实与水没有任何关系,只是中国人的一种叫法。欧洲人叫它"墨丘利",墨丘利是罗马神话中的商业神。水星大约70%是金属,特别是铁,30%是硅酸盐等物质。现在地球上每年开采的铁,大约只有8亿吨。如果按此推算,水星上的铁,足够人类开采2400亿年。

水星还有一大奇观,那就是平均每100年发生大约13次"水星凌日"的现象。

水星凌日现象的发生,与日全食的过程相似。当太阳、水星、

15 神秘的水星上有什么

地球三个天体运行到一条直线上时，从地球上就能观测到，太阳的表面有一个小黑斑在缓慢地移动，这就叫水星凌日。

只是由于水星太小，它的身影不能完全挡住太阳，所以不能呈现出那种日全食的震撼效果。

不过，我们不能直接用肉眼去观测水星凌日，必须借助带有滤光片的望远镜才行，否则阳光会灼伤我们的眼睛。

听到这儿，三个孩子对水星有了更深刻的了解，原来水星和地球一样，也有地核、地幔和地壳。而且它距离太阳是那么近，还含有那么多的铁。

人物冒泡

章树叶在想：水星上没有水，却被叫成水星。自己家没有樟树，自己却被叫作章树叶。是不是缺什么，就要叫什么呀？

他想他还缺一趟星际旅行呢！是不是也有人会帮他实现这个梦想呀！

他脑海中浮现出这样一番景象——有位科学家真的为他建造了一艘宇宙飞船。他驾着那艘宇宙飞船，飞向太空去实现他的星际旅行梦想。他飞过许多星球，看清了它们是什么样子。

水星

金星上
有什么

金星也是一颗类地行星，中国人还把它称为"太白星"。

从地球上看，金星的明亮度仅次于月球，竟然比著名的"天狼星"还要亮。它就像一枚璀璨夺目的钻石，高悬在广袤无际的夜空。

金星也同水星一样，只在黎明与黄昏时出现。因此，它也被称为"启明星"或"长庚星"。在罗马神话中，它代表爱与美的女神，所以又被称为"维纳斯"。

金星是太阳系中第二靠近太阳的行星，距离太阳1.08亿千米。同时它也是距离地球最近的一颗行星，与地球的距离只有大约4050万千米。

金星的直径比地球要小一些。表面有很多的高峭山脉，还有一条从南到北的大峡谷。这条大峡谷的长度大约有2000千米，是八大行星上最长的一条峡谷。

金星还是太阳系中最热的一颗行星。它的表面温度大约为480℃。即便是最低温度，也约有464℃。

金星上有许多火山在剧烈地喷发,到处是冲天的火光,遍地是沸腾的熔岩流。那些炽热的熔岩流将金星地表冲出了一张规模宏大的沟渠网络。

金星的体积与地球非常接近,地表环境却与地球有着天壤之别。它的表面有一层稠密的大气,大气中的二氧化碳含量竟高达97%。稠密的大气锁住了热量,从而造成金星上那种奇高的温度。

而且,那层大气的气压非常之强,大约是地球气压的90倍,相当于地球上900米的深海压强。

此外,金星上还时常会下一种腐蚀性极强的酸雨,到处充斥着浓烈的硫黄臭味。

金星上的环境,可谓是非常恶劣,不适合人类生存。

不过,金星也有三大奇观。

一、它和月球一样,同样有着周期性的圆缺变化,只是金星距离地球太遥远了,我们无法用肉眼观测到。

二、它是顺时针自转的,与大多数行星的自转方向相反。所以,如果在金星上能看见太阳,太阳会是西升东落,正好与地球相反。

三、它围绕太阳公转一周,需要225天;但自转一周,需要243天。金星上的一天,竟比它一年的时间还要长。

三个孩子听到这儿,也对金星更了解了。原来,那颗美丽明亮的星球上面,环境竟然如此恶劣,到处是火山喷发和熔岩流动,还有那么强的大气压强。

金星

17

充满悬念的火星上有什么

课讲到这里,怪博士忽然对三个孩子说道:"我有一个想法,今天先不讲地球知识了,因为地球知识实在太多,需要讲很长的时间才能讲透。他对孩子们说:"如果你们想全面了解地球知识,我以后找个时间,单独为你们仔细讲,你们说好不好?"

三个孩子都觉得这个建议非常好,纷纷点头表示赞同。

怪博士见三个孩子都同意,于是讲起了火星的知识。

火星是第四靠近太阳的行星,也是一颗类地行星,被称为"红色行星",还被一些外国人誉为罗马神话中的"战神"。

火星距离太阳 2.28 亿千米,赤道直径约为 6760 千米。

火星的地貌与地球相似,同样有很多的高山、平原和峡谷。表面却被一层厚厚的赤铁矿覆盖,那些赤铁矿在太阳光的照射下,反射出红色的光芒,所以火星看上去是红色的,这也是它被称为"红色行星"的缘由。

火星表面没有液态水,但有冰存在。火星也有大气层,成分以二氧化碳为主,但大气非常稀薄,大气压只有地球的 60%。火

⑰ 充满悬念的火星上有什么

星距离太阳有些遥远，所以表面非常寒冷，最高温度只有28℃，最低温度却达到–132℃。

火星上还经常暴发一些规模巨大的沙尘暴。规模最大的沙尘暴，可能要比地球上的大一万倍，能席卷大半个火星表面。那种场面，真可谓是遮天蔽日，令人惊骇！

火星围绕太阳公转一周，需要687天。但它自转一周，只需要24小时37分，非常接近地球的自转时间。

火星还有两颗卫星，它们分别是火卫一和火卫二。这两颗卫星的形状都不太规则，可能是路过那儿的小行星，被火星捕获到了自己身边。

火星之所以最受人类的关注，是因为它给了人类无限的希望。

有证据表明，在十几亿年前，火星几乎与现在的地球一样，也有着厚厚的大气层，并同样处在太阳系中最适合生命存在的宜居带上。或许火星上面，曾经有过生命。

但是在大约7亿年前，火星上的二氧化碳含量不断地飙升，最后导致那颗有过生命迹象的星球，变成了今天这副模样。

火星的变化，也给了人类警示，我们要好好保护地球，控制二氧化碳排放，不要让地球变成第二颗火星。

讲到这儿，怪博士摘下眼镜，眼里充满希望的光。如果有一天，人类能够利用火星上的那些丰富的水资源，将火星进行翻天覆地的大改造，使它变成一颗适合人类生存的星球。等到将来地

球真的不适合居住时，我们就可以移居到火星上。

不过，大约20亿年后，由于那时的太阳开始膨胀，或许能给火星带来一次极好的自然改造机会。那时的火星，气候可能会变得温暖湿润，又会重新成为一颗很适合生命生存的星球。

令我们骄傲的是，中国对火星的探索，也取得了相当大的成就。由中国科学家团队所研制的天问一号航天器，已于2020年7月23日发射升空，并于2021年5月15日着陆火星表面。天问一号搭载的祝融号火星车，也于2021年5月22日安全地驶出着陆平台，到达火星表面，开始对火星进行实地巡视探测，并传回了大量的图片和相关数据信息。

三个孩子听到这儿，对火星产生了浓厚的兴趣，原来火星以后可能会变成最适合人类居住的星球，而且中国的航天器，还成功地登陆了火星！

人物冒泡

云飞扬想：现在有很多的大人，都说我们小孩子说的话是火星语言。我们是不是真的需要为人类以后移居火星，提前创造火星语言呢？

他忽然觉得，以后火星语言也可能不好用了，应该去创造宇宙语言。

火星

18

望而生畏的木星上有什么

木星是太阳系中体积最大、自转速度最快的行星,被称为"灵活的大胖子"。它是第五靠近太阳的行星,距离太阳7.78亿千米。

木星是一颗气态巨星,它的表面都是气体,没有像地球一样的坚固地表。

木星的体积,大得令人望而生畏。它的赤道直径约为143000千米,是地球的11.18倍。它能装下太阳系中所有的其他行星,是个名副其实的"大胖子"。如果靠近去看它,就像整个天空都是它的身影,会让你感觉面前有个无比庞大的圆球,在一点点地碾压过来。

木星围绕太阳公转一周,需要11.86年;自转一周,却只需要9小时50分。可见它的自转速度快到了什么程度。由这种速度所带起的超级飓风,要比地球上最大飓风的时速快一倍以上。它可以摧毁一切,能够瞬间夷平一座城市。它也把木星上的大气,吹成了一条条的线纹状。还有许多的地方甚至被吹成了巨大的旋涡状。那些超级飓风,还引发了无数的超级闪电雷暴,那些

18 望而生畏的木星上有什么

闪电雷暴所放射的光芒，能够顷刻之间置人于死地。木星上的这一狂暴现象，已经持续了350年，直到今日也没有停止。

木星大气层中90%是氢气，10%是氦气。木星的表面有红、褐、白三种颜色，并有很多的条纹图案，还有几道层次分明的木星环。

木星环是由主环、暗环和内晕三部分组成。主环距离木星的中心大约13万千米，宽度大约6000千米；暗环的宽度大约5万千米；内晕的延伸范围，上下可达大约1万千米。

木星表面的最高温度大约是-105℃，最低温度大约是-168℃。

虽然木星也拥有大量的氢元素，却无法产生核聚变，所以还不能成为一颗恒星，只能委屈地做一颗行星。

不过木星对地球的帮助，是相当巨大的。它是地球的"保护神"，有很多要撞击地球的外太空天体，都被它当成可口的"糖果"吃掉了。可以说，地球有现在的平安，多亏这位"大哥"夜以继日的保护。

木星也有两大奇观。

一是它有个"大红斑"。那个大红斑就是嵌在木星云带内的云团。大红斑的长度大约有2.6万千米，宽度大约有1.1万千米。它的中心，还有颗"小黑痣"，那是大红斑的核。有些科学家观测，大红斑的威力正在逐步地减弱，估计会在20年后全部消失。也有些科学家分析朱诺号木星探测器的照片后认为，这个反气旋风暴并未减弱。

二是木星有许多颗卫星。其中木卫一和木卫二，都含有大量

的水。尤其是木卫二的含水量，大约是地球的 100 倍，可谓是宇宙中的"超级水库"。而且这两颗卫星上面，还含有氧和稀薄的大气，所以它们也是人类实现星球移民首选的地方之一。或许在这两颗卫星上面，都有生命存在。

听到这儿，云飞扬腾地一下从座位上蹦了起来，差点把面前的桌子都掀翻了。他扶了扶桌子，激动地问道："唐爷爷，这两颗卫星上面有外星人吗？"

章树叶也跟着从座位上蹦了起来，补充道："唐爷爷，我也想知道这个问题的答案！"

怪博士笑着示意他俩坐下："目前在这两颗卫星上面还没有发现有外星人存在。不过或许有一天，人类会登上这两颗卫星，到时就可以知道真正的答案了。"

"唐爷爷，木卫二有多大呢？它距离我们地球，又有多远呢？"夏语也问道。

怪博士答道："木卫二的直径，大约有 3138 千米，体积大约只有地球的四分之一，与月球的大小差不多。它距离地球大约有 6 亿千米。虽然距离这么遥远，但随着科技的发展，或许在不久的将来，人类就能对木卫二有更多的了解。

"另外，木卫一和木卫二，都是意大利天文学家伽利略于 1610 年发现的。这位科学家特别了不起，我们都要记住他的名字。"

⑱ 望而生畏的木星上有什么

人物冒泡

云飞扬脑海中浮现出这样一番景象——他乘坐一艘飞船,飞到了木卫一和木卫二两颗卫星上,并遇见了很多的外星人。他用宇宙语言跟那些外星人打招呼,他们很快就听懂了。

他想走出飞船去与外星人握手,可刚走出舱门,就遇到了一阵超级飓风。他赶紧退回舱内,全身禁不住哆嗦起来……

木星

19

土星上有什么

土星是太阳系中第六靠近太阳的行星，距离太阳 14.27 亿千米，属于类木行星中的气态行星。土星的密度非常低，只有水密度的 70%。

土星拥有一个巨大的光环，这个光环共有 7 层，厚度不足 1 千米，宽度却达到了 30 万千米，几乎是地球到月球的距离。远远看去，这个光环就像是一张极薄的巨型唱片，令人叹为观止。

此外，土星还拥有至少 150 颗卫星，目前已经确认的有 83 颗。

土星的组成中，大约 75% 是氢，25% 是氦和其他物质。

奇妙的是，土星与地球之间，还存在三个数字方面的有趣关联：一、它与太阳的距离大约是地球与太阳距离的 9.5 倍；二、它的直径大约是地球的 9.5 倍；三、它的质量大约是地球的 95 倍。

土星的表层温度，最高约 -150℃，最低大约为 -191℃。但它的内核温度，高达 11700℃。

土星围绕太阳公转一周，需要 29.46 年；但自转一周，只需要 10 小时 14 分。土星和木星一样，也是一颗自转速度极快的星球。

19 土星上有什么

由于土星表面的温度较低,所以有许多原始物质被保留了下来。科学家们认为,研究土星上的那些原始物质,就能更加准确地知道形成太阳系的那些最原始的元素是什么。

土星也有三个令人惊叹的景观。

一、在土星的北极地区,有个十分恐怖的六边形风暴区域。那片区域的跨度巨大,大约能装下4个地球。它的中心还有个风暴眼,就像个奇幻的幽灵,不断地在那儿闪现,十分诡异。

二、土星上可能会下一种令人意想不到的雨,那就是钻石雨。不过这目前只是科学家的推测,尚未得到证实。

三、在土星的众多卫星中,土卫二和土卫六也可能存在液态水,甚至还可能存在海洋和大气。或许这两颗卫星上面,也有生命存在。

听到这儿,云飞扬再次按捺不住激动的心情站了起来:"唐爷爷,这两颗卫星上会有外星人吗?"

章树叶也同样激动地站了起来:"这两颗卫星上既然有那么好的条件,应该会有外星人的!"

怪博士忙示意他俩坐下:"目前,还没有找到这两颗卫星上有外星人存在的证据。"

听到这个回答,三个孩子都有点儿泄气。但他们对这颗星球,也有了很深刻的了解。原来这颗神奇的星球,竟然拥有这么多卫星,还有个那么壮观的光环!

最最奇特的是,这颗星球上可能还会下钻石雨。如果那样的钻石雨能下到地球上就好了,这样地球上就到处是钻石了!

人物冒泡

夏语脑海中浮现出这样一番景象——她乘坐一艘飞船,飞到了土星上面,装了一飞船的钻石回来。

她把这些钻石,分给了许许多多需要帮助的人,让这些来自浩瀚宇宙的光亮温暖地球的各个角落。

土星

"懒"得出奇的天王星上有什么

天王星是一颗极其美丽的星球,它的表面散发着青幽幽的光芒。它是太阳系中距离太阳第二远的行星,与太阳的平均距离约28.7亿千米。天王星是一颗冰巨星,也属于类木行星,有上百条粗细不等的光环。

天王星的赤道直径约为地球的4.1倍,质量为地球的14.6倍。大气主要成分为氢,氦只占15%。

天王星是太阳系中十分寒冷的一颗行星,表面平均温度约-180℃。公转周期约84年,而自转一周,只需要17.9小时。

天王星拥有27颗卫星,所有卫星均以莎士比亚或蒲柏著作中的角色命名。

天王星之所以被人们称为太阳系中最"懒"的行星,那是因为它长年都是以一种"躺"着的姿势运行。它的自转轴只有极小的倾斜度,所以造成了这种罕见的现象。因此也形成了它独有的四季交替变化,每到一个季节,都要持续21个地球年,而且还会出现连续21年的极昼或极夜现象。

20 "懒"得出奇的天王星上有什么

如果人类生活在天王星上，一年就等于地球上的84年。假如在天王星人均寿命能达到75岁，那么按照地球上的时间来计算，人均就能活到6300岁了！倘若真是那样，大家见面打招呼，都只会问一个问题："你的牙齿掉完了没？"

三个孩子被怪博士那风趣幽默的语言逗笑了。他们也对天王星有了更深刻的了解，原来天王星是太阳系中最"懒"的行星。

章树叶想，如果他能活到6300岁，将会是什么样子呢？

他脑海中浮现这样一番景象——他的皮肤比鳄鱼皮还要坚硬好几倍。他脸上的皱纹，也要比松树皮皱很多。他的头发，都长得像一棵棵小樟树了，还有很多的鸟儿在上面做鸟窝。他走到哪儿，就有一群鸟儿跟着他飞。

好在他还有两颗门牙没有掉，于是他总是龇着那对门牙，笑眯眯地到处显摆，生怕别人不知道他还有牙齿一样。

天王星

恰似蓝宝石的
海王星上有什么

海王星的出现，本身就是个传奇。它竟然是一颗先由科学家通过理论计算出来，而后才被证实存在的行星，所以也被称为"笔尖上的行星"。

海王星是太阳系中距离太阳最遥远的一颗行星，也属于类木行星中的冰巨星。它的表面呈宝蓝色，特别迷人。

但是千万别被它那美丽的外表所迷惑，其实它异常暴虐。由于它距离太阳实在太遥远了，又没有足够厚的大气层来保护自己，所以它的表层极度寒冷，温度一般都在 -218℃左右。而且海王星表面风暴不断，最高风速竟然达到 2000 千米/时，比木星上的飓风风速还要快。

如此恐怖的风速，是声音传播速度的两倍左右，能迅速摧毁一切东西。如果人类生活在这颗星球上，刚走出门，就会被吹到天上去。不需要几天工夫，就能周游太阳系中的几大行星了。

海王星距离太阳大约 45 亿千米。它的赤道直径约为地球的 3.88 倍，约 49500 千米。海王星的质量是地球的 17.15 倍。它围

绕太阳公转一周,需要164.79年,自转一周需要16.11小时。

海王星的大气由氢、氦和甲烷气体构成。海王星看起来是蓝色的,正是因为其大气中有甲烷气体。甲烷气体吸收了来自太阳的红色光,当它把红光从可见光中剔除后,就剩下了蓝光。海王星虽然表层温度约-218℃,但它的内核温度有大约7000℃。可见海王星也是一颗外表极其冷酷,但内心十分火热的星球。

海王星有三大奇观。

一、在海王星的南极,有两条宽约4345千米的巨大风云带,在中间的地方,形成了一片如"黑眼睛"一样的区域。这片区域足以装下一颗水星。根据科学家的观察,这片"黑眼睛"区域,其实是个大气层的洞口,是通往下方黑暗云层的入口。

二、在海王星上,还可能存在一个巨大的钻石海洋,只是这个钻石海洋,还需要科学家们进一步证实。

三、海王星拥有14颗已知的卫星。其中海卫一是一颗很不寻常的卫星。它是唯一拥有行星质量的不规则卫星,而且它的公转轨迹与海王星的自转方向相反。

更为有趣的是,这颗卫星的表面非常奇特,竟然布满了像哈密瓜表面一样的花纹。这是在目前已知的天体中,出现的一种绝无仅有的地表现象。

最令人振奋的是,在海卫一上,发现了丰富的冰冻水。科学家们猜测,这颗卫星上有可能存在生命。

21 恰似蓝宝石的海王星上有什么

云飞扬又兴奋地蹦起来问道:"唐爷爷,这颗卫星上有外星人吗?"

怪博士答道:"目前在这颗卫星上,还没有找到外星人的活动痕迹。"

夏语也跟着问道:"在我们太阳系,到底有多少颗可能存在生命的星球呢?"

怪博士答道:"除了地球以外,至少还有六颗星球可能存在,或者曾经可能存在过生命。它们分别是早期的金星,以及现在的木卫一、木卫二、土卫二、土卫六和海卫一。而在整个宇宙当中,至少有1000颗星球适合生命存在。这些,都需要进一步的研究与求证。"

三个孩子听到这里,又对探索外星文明燃起了无限的希望。

云飞扬在想,如果宇宙中有1000多颗星球上都有外星人,那加起来会有多少外星人呢?

他脑海中浮现出这样一番景象——所有的外星人都聚到一起,然后排成一条长队,结果竟然从地球排到太阳上面去了,队伍长达1.5亿千米,非常令人震撼!

海王星

神秘的极光是怎么产生的

关于极光这个名词,相信大家都不陌生。但要想真正看到它,那也不是一件很容易的事情。

即便是去了极地,也未必能见到极光。因为它的出现,是可遇而不可求的。要想见到它,还得看自己有没有那个运气。

极光是一种辉煌瑰丽的彩色光象。极光的亮度一般像满月,常带有绿、红等色彩。它每次出现都如梦如幻,变化无穷,有时如一条条绵长的绮丽彩带在空中飘舞;有时似一团团熊熊烈焰在天空燃烧;有时仿佛是从天穹落下的幔帐隔开了黑夜;有时恍若是彩色的烟雨弥漫在星空。

其实地球的南极和北极,都会有极光出现。但由于南极过于寒冷,人们难以到达。所以极光的观测点,都集中在北极地区。

世界上最佳的极光观测地点,有芬兰、冰岛、挪威、瑞典和美国等。尤其是美国的阿拉斯加州,由于那儿既干燥,又少风少云,而且是北极光的中心点,所以一年当中,可能有240多天都能观赏到极光,是名副其实的"北极光之都"。

极光的出现，有时还伴有一种沙沙或噼噼啪啪的响声。这种声音特别神秘，就像是极光在你耳边悄悄地说话。

极光有着无穷的魅力，每年都会吸引无数的人去观赏它。凡是见过它的人，一辈子都难以忘怀。

如此神奇的极光是怎么产生的呢？这与太阳活动有着密切的关系。它是太阳风暴所抛射的带电粒子，在到达地球的近空时，被地球磁场导引带进大气层，并与高层大气中的原子碰撞造成的发光现象。

地球磁场也是一张盾牌，能在几万千米之外，保护地球不受侵害。而且太阳风暴越是厉害，地球磁场的反应就越强烈，由此引发的极光现象也愈宏伟壮观。

当然，极光不是地球独有的，在太阳系中，木星和土星上都有极光。而且木星上的极光，可能比地球上的还要壮丽。

听到这儿，三个孩子对极光有了深刻的了解。原来它是太阳风暴在遭遇地球磁场时，所激发出的一种特殊现象。

极光

人物冒泡

云飞扬突发奇想：如果利用极光来发电，会是什么效果呢？他脑海中浮现这样一番景象——科学家利用极光发电，结果所有的灯光，都变成了五颜六色，大家就像是生活在一个彩色世界里。每个人的皮肤也变成了五颜六色，以前的熟人都变得陌生了。大家见面，都得重新介绍一遍自己。

"你好！我叫云飞扬，很高兴认识你！"

"你好！我叫夏语，很高兴认识你！"

"你好！我叫章树叶，很高兴认识你！"

美妙的流星雨来自何方

世界上最美的雨是什么雨呢？那当然是流星雨。每当一颗颗流星如仙子般从天空滑落，那美妙的画面，总能让人情不自禁地许下美好的愿望。

如此神奇的流星雨，又是来自何方呢？

在我们太阳系中，飘散着很多尘埃和小碎粒，其大小一般在厘米级以下，被称为流星体。

这些流星体，大多是由小行星、彗星等经碰撞、碎裂或喷发形成。成群的绕太阳运动的流星体，便形成了流星群。

当流星群接近地球时，会受到地球引力的吸引，以高速飞入大气层。它们在与大气层的摩擦中，产生了明亮的光辉。由于数量众多，很像是明亮的流星雨。

流星雨一般不会给地球造成灾难。大多数流星雨，会在大气层中燃烧殆尽。一些个头儿比较大的流星体，进入地球大气层后没被完全烧毁，降落到地球表面，这就是陨石。

但流星雨和流星并不是一回事。流星是单个出现的，属于偶

23 美妙的流星雨来自何方

发现象。流星雨则是群体出现的,且具有一定的规律。

另外,流星雨还有一种特殊的形成方式,那就是来自彗星。

彗星的尾部,夹杂着许多的细微颗粒。当地球与彗星靠近时,在地球引力的作用下,彗尾当中的那些细微颗粒,就会形成流星雨进入地球的上空。

如果遇到彗尾中的颗粒过多时,甚至还会出现流星暴,那种场面蔚为壮观!

关于流星雨的命名,通常是以滑落点附近的星座来命名的,比如狮子座流星雨,会在每年的11月中旬出现。它的形成,就来自于坦普尔·塔特尔彗星。

狮子座流星雨,是最壮观的流星雨之一,被称为流星雨之王。它曾在1833年11月12日,出现了一次流星暴。那次长达9小时的时间内,大约有21万颗流星划过天空。当时有不少人看到这一景象,都误以为是世界末日到来了!

有些彗星的运行轨道,一年之内会与地球多次交叉,所以同一颗彗星,在一年之内会带来多次不同的流星雨。宝瓶座流星雨就是这样的,它会在每年的5月5日左右、7月28日左右、8月8日左右出现。

还有一些流星雨非常奇特,会连续出现几天,甚至一个月。

但绝大多数的流星雨,流量都非常小。只有一些很特殊的时候,才能看到特别大的流星雨。

三个孩子从未见过流星雨,现在了解到这些知识,他们都想去看一看。

人物冒泡

云飞扬脑海中浮现这样一番景象——在怪博士的带领下,他们和很多的小朋友一块去看流星雨。他们赶上了一次流量特别大的流星雨,漫天都是流星飞射。

每个小朋友都带了一个玻璃瓶。每人都希望自己的玻璃瓶里能飞入一颗流星。大家捧着玻璃瓶,齐刷刷地站成一排,一同向天空许愿。

流星雨

24

宇宙中真有外星人吗

宇宙中真的有外星人吗?

这个问题曾让无数人难以入眠,大家都想知道答案。

科学家研究发现,在我们已知的宇宙空间中,像地球这样适合生命生存的星球,至少有1000多颗,这还不包括在那些未知的宇宙深空中可能存在的星球数量。如果从概率上讲,外星人存在的可能性,几乎达到了百分之百。

但遗憾的是,到目前为止,科学家还没有发现一个外星人。

美国研制的旅行者1号太空探测器,自1977年9月5日发射升空以来,已在太空飞行了40多年,还没有监测到任何一个外星人。

旅行者1号是人类所研制的最伟大的航天探测器之一,已为人类做出了巨大的贡献。它不仅飞行速度极快,约17千米/秒,而且飞行得最为遥远,已经飞离地球大约200亿千米了。

它现已飞离太阳系中的柯伊伯带,正在冲出奥尔特云。但它离下一个星球,至少还有4万亿千米,还需要大约2万年的时间。

如果想要通过它去了解外星人的信息，可能在近期内是实现不了的。

不过，虽然现在还没找到外星人，但不等于没有外星人存在。

也许，我们对外星人的认识也存在误区。外星人的形态，未必像我们地球人一样，是个有血有肉的人，只能生存于一个相对暖和的环境中。或许他们是另外一种很奇特的"人"，比如是一种有智能行为的"石块人"，他们可能很耐热，能够适应他们星球上的高温；或者是可以生活在冰层下的"冰层人"，他们可能很耐寒，而且还离不开他们星球上的冰层保护；也可能是能隐形的"气态人"，他们可能是不断变化的，有时是气体，有时是人形。

如果外星人都是那样的人，就目前人类的科技水平，还真难捕捉到他们的信息。

除此之外，人类与外星人之间，也可能存在一种难以逾越的物种之间的天然隔阂。就像人类与其他动物、动物与植物之间的那种天然隔离。如果真的存在这样的天然隔阂，即便我们不断地给他们发送信号，他们也无法接收到。

就算他们接收到了，也无法识别那些信号，更谈不上回复了。

我们人类至今没有接收到有关外星人的信息，可能就是这些原因造成的。

所以，人类想与外星人取得联系，可能还要破解这种物种之间的隔离障碍。

24 宇宙中真有外星人吗

另外，外星人也未必像我们人类想象的那样，具有强烈的攻击性。或许他们更热爱和平，愿意与所有星球上的"人"和平相处。只有遭到侵略，才会舍命抗击。

怪博士讲到这里，扬起头来问道："如果有一天，突然有个外星人跳到你们面前，你们会有怎样的表现呢？"

夏语笑道："如果是那样，我肯定会吓得四处奔跑！"

章树叶也说道："我也会吓得逃跑的！"

但云飞扬不觉得害怕："我才不会吓得逃跑呢。我还要与他们交朋友，让他们带我去外星球上玩，去实现我的星际旅行梦想！"

人物冒泡

云飞扬脑海中浮现这样一番景象——他被外星人邀请去他们的星球上玩，他看到很多新鲜事。有的星球上的水像布匹一样可以折叠起来，还可以拉长，并且可以做衣服。有的星球上的云可以建造大房子，还可以搭建很高的梯子，而且还可以吃。

最最奇特的是，还有个星球上的人，平时你根本看不见他。如果他要见你，就会突然变成一个巨大的怪物出现在你面前，总能把你吓得心惊肉跳。

故事后的
故事

怪博士关上电脑，说道："关于宇宙的知识，今天讲到这儿就结束了。但要说明一点，这里面的很多内容，目前还只是科学认识，并不是最终的科研结果，仍需要科学家进一步研究与探索。如果你们还想知道地球的相关知识，下个周六我依然在这儿给你们讲，到时我把地球是怎么诞生的，地球经历了哪些演化过程，为什么地球会变成今天这样，地球上的生物是如何而来，它们又遭受了哪些劫难，以及地球上的国家和人口，还有地球上很多神奇美妙的事情都讲给你们听，好不好呀？"

三个孩子听后，激动得跳了起来。

他们就这样约定好了。随后怪博士拿起电话，通知云飞扬的爸爸来接三个孩子回家。

附录

恒星，直径大约 139.2 万千米，体积是地球的 130 万倍，表面有效温度 6000℃，越向内部温度越高。

太阳

类地行星，距离太阳大约 5791 千米，直径大约 4878 千米，公转一周需要 88 天，自转一周需要 59 天。平均表面温度，向太阳一面约 440℃，背太阳一面最低可达 -160℃以下。没有卫星，有稀薄的大气存在。

水星

类地行星，距离太阳 1.08 亿千米，直径大约 12103 千米。有稠密的大气，但大气压强过大，是地球的 90 倍。公转一周需要 225 天，自转一周需要 243 天，表面温度约 480℃。逆向公转，没有卫星。

金星

类地行星，与太阳平均距离约 1.5 亿千米，直径大约 12760 千米，公转一周需要 365.25 天，自转一周需要 23 小时 56 分。平均温度大约 15℃，有厚度在 1000 千米以上的大气层，有 1 颗天然卫星——月球。

地球

类地行星，距离太阳 2.28 亿千米，赤道直径大约为 6760 千米，有稀薄大气。公转一周需要 687 天，自转一周需要 24 小时 37 分，有两颗卫星。

火星

木星

　　类木行星，距离太阳 7.78 亿千米，直径约 143000 千米，公转一周需要 11.86 年，自转一周需要 9 小时 50 分。表面最高温度约 -105℃，最低温度约 -168℃。有 92 颗卫星，其中木卫一和木卫二可能存在液态水，还有稀薄大气。

土星

　　类木行星，距离太阳 14.27 亿千米，直径约 120540 千米，公转一周需要 29.46 年，自转一周只需要 10 小时 14 分。表层温度最高约 -150℃，最低约 -191℃。已确认有 83 颗卫星，其中土卫二和土卫六可能有液态水。并有壮观的土星环。

天王星

　　类木行星，距离太阳 28.7 亿千米，直径大约 51118 千米，公转一周需要 84 年，自转一周需要 17.9 小时。表面平均温度大约为 -180℃。有 27 颗已知卫星。

海王星

　　类木行星，距离太阳大约 45 亿千米，直径大约 49500 千米，公转一周需要 164.79 年，自转一周需要 16.11 小时。表面温度大约为 -218℃。有 14 颗已知卫星，其中海卫一可能有液态水。

普朗克时间

大约为 5.39×10^{-44} 秒，是世界上最小的时间分割单位。

1 光年

大约等于 9.46 万亿千米，光速约等于 30 万千米/秒。

现在的宇宙
观测范围内的直径大约是930亿光年，大约有2万亿个星系，2000万亿亿颗恒星。

银河系
直径10万~20万光年，有1500亿~4000亿颗恒星。

太阳系
直径大约为4光年，有太阳、8颗行星、218颗已知卫星、5颗矮行星，以及无数的小行星和彗星。

138亿年前
奇点大爆炸，宇宙诞生。宇宙中基本粒子和天然元素随后产生。大约38万年后，宇宙开始变得清透。

135亿年前
宇宙中产生了第一颗恒星。随后又出现了一大批恒星，宇宙从此焕发出迷人的光彩。

128亿年前
宇宙中第一个星系形成，随后又有大量的星系涌现。银河系大约于125亿年前形成。

50亿年前
太阳诞生，随后太阳系形成。

46亿年前
地球诞生，大约3000万年后月球诞生。